Dr. M. RAJASEKAR

SENSORES DE TRIAZÓIS: NOVAS TENDÊNCIAS E APLICAÇÕES EM BIOMATERIAIS

Dr. M. RAJASEKAR

SENSORES DE TRIAZÓIS: NOVAS TENDÊNCIAS E APLICAÇÕES EM BIOMATERIAIS

ScienciaScripts

Cover image: www.ingimage.com

This book is a translation from the original published under ISBN 978-620-8-06418-1.

Publisher:
Sciencia Scripts
is a trademark of
Dodo Books Indian Ocean Ltd. and OmniScriptum S.R.L publishing group

120 High Road, East Finchley, London, N2 9ED, United Kingdom
Str. Armeneasca 28/1, office 1, Chisinau MD-2012, Republic of Moldova, Europe
Printed at: see last page
ISBN: 978-620-8-34348-4

Índice

1. INTRODUÇÃO

Os sensores de triazol com elementos fotorresponsivos representam uma área de investigação de ponta na intersecção da fotoquímica, da ciência dos materiais e da tecnologia de sensores. O objetivo é elucidar a importância destes sensores na deteção de biomateriais e explorar as suas diversas aplicações, realçando as propriedades únicas dos sensores de triazol com elementos fotorresponsivos. O principal objetivo foi mostrar o potencial destes sensores em várias aplicações de biomateriais, desde a imagiologia celular à monitorização de biomarcadores. Além disso, o objetivo era enfatizar a importância de compreender as interações mecanísticas subjacentes ao comportamento dos sensores, o que é crucial para otimizar o seu desempenho em cenários biológicos do mundo real. Estes sensores, concebidos para detetar analitos específicos ou estímulos ambientais, aproveitam as propriedades únicas dos compostos à base de triazóis e a sua capacidade de resposta à luz para permitir uma deteção precisa e selectiva. O desenvolvimento de tais sensores é muito promissor para uma vasta gama de aplicações, incluindo a monitorização ambiental, o diagnóstico biomédico e o controlo de processos industriais. Este tipo de sensor foi concebido para responder a vários desafios fundamentais na deteção de biomateriais. Um dos principais problemas é a necessidade de controlo e modulação precisos da resposta do sensor em ambientes biológicos dinâmicos. Os sensores tradicionais carecem frequentemente da adaptabilidade necessária para captar eficazmente as interações biomoleculares matizadas. Ao incorporar unidades fotorreponsivas no suporte de triazol, estes sensores oferecem uma solução para este problema, permitindo o ajuste a pedido da sua sensibilidade e seletividade. Esta introdução pormenorizada dará uma visão geral dos princípios fundamentais, das estratégias de conceção e das potenciais aplicações dos sensores de triazol com base em fotorresponsivos, esclarecendo o seu papel fundamental no avanço da tecnologia de sensores e na resposta a desafios sociais e científicos prementes. No cerne dos sensores de triazol fotorreponsivos está a natureza fotorreponsiva intrínseca dos compostos de triazol, que apresentam alterações distintas nas suas propriedades químicas ou físicas quando expostos à luz. Esta fotorresponsividade inerente constitui a base para a conceção e funcionamento de sensores que podem detetar e responder seletivamente a estímulos específicos, tais como a presença de analitos alvo ou variações nas condições ambientais. Aproveitando a reatividade única e a versatilidade estrutural dos triazóis, os investigadores conseguiram conceber plataformas de sensores que oferecem uma elevada sensibilidade, tempos de resposta rápidos e seletividade personalizada, tornando-as adequadas para diversas aplicações de deteção.

A conceção e a síntese de sensores triazólicos fotoresponsivos (**1**) envolvem uma abordagem multidisciplinar que integra princípios da química orgânica, da ciência dos materiais e da fotofísica. Ao incorporar estrategicamente moléculas fotoactivas nas estruturas dos sensores à base de triazóis, os investigadores podem modular as suas propriedades fotoresponsivas para obter as capacidades de deteção desejadas. Isto pode envolver a introdução de cromóforos que absorvem a luz, grupos fotoisomerizáveis ou espécies reactivas fotogeradas na arquitetura do sensor, permitindo um controlo preciso da resposta do sensor à luz e aos estímulos-alvo. Além disso, a diversidade estrutural e a acessibilidade sintética dos compostos de triazol oferecem uma paleta química rica para adaptar as propriedades do sensor, como a afinidade de ligação, os mecanismos de transdução de sinal e a compatibilidade com diferentes plataformas de deteção. As potenciais aplicações dos sensores de triazol fotoresponsivos são vastas e impactantes, abrangendo diversos domínios como a monitorização ambiental, o diagnóstico de cuidados de saúde e a deteção industrial. Na monitorização ambiental, estes sensores são promissores para a deteção de poluentes ambientais, metais pesados e contaminantes biológicos, oferecendo um meio sensível e seletivo de avaliar a qualidade da água, a poluição do ar e a contaminação do solo. São instrumentos úteis para compreender e reduzir os riscos ambientais devido à sua capacidade de reagir a determinados sinais ambientais, como variações de pH, concentrações de iões metálicos ou condições redox. No domínio dos cuidados de saúde e do diagnóstico biomédico, os sensores triazólicos fotoresponsivos apresentam potencial para detetar biomoléculas, agentes patogénicos e biomarcadores de doenças com elevada precisão e sensibilidade. Estes sensores destinam-se a fornecer ferramentas adaptáveis, selectivas e dinâmicas para desvendar os meandros dos sistemas biológicos, fazendo assim avançar a investigação no domínio do diagnóstico, da descoberta de medicamentos e da biologia fundamental. A sua capacidade de sofrer alterações induzidas pela luz nas suas propriedades de deteção pode ser aproveitada para a monitorização em tempo real de processos biológicos, a imagiologia de eventos celulares e o diagnóstico no local de prestação de cuidados.

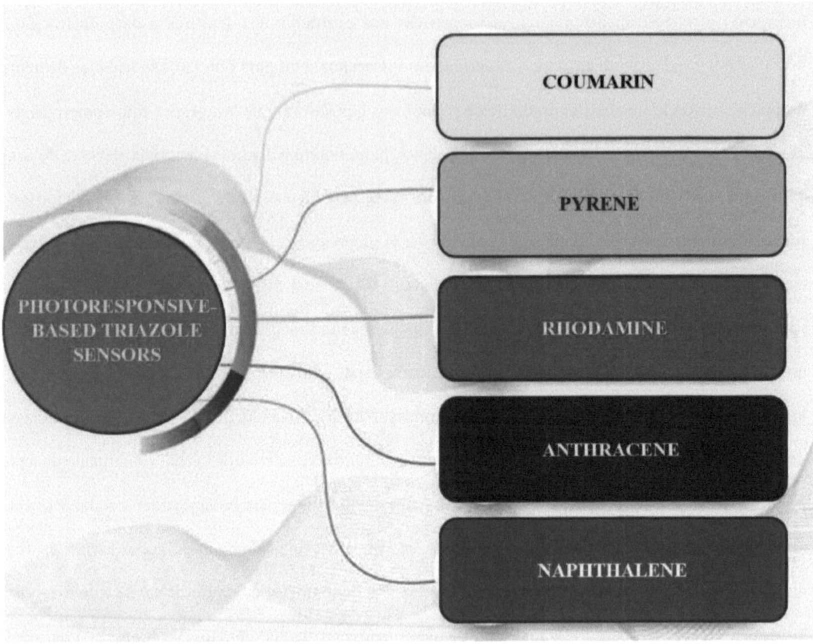

Figura 1. Representação esquemática de sensores de triazol baseados em fotorresposta (**1**)

Além disso, o desenvolvimento de sensores triazólicos fotoresponsivos para aplicações biomédicas está em sintonia com a procura crescente de tecnologias de deteção não invasivas e sem rótulos que possam fornecer informações de diagnóstico rápidas e precisas. Em contextos industriais, estes sensores oferecem oportunidades de monitorização de processos, controlo de qualidade e deteção de espécies químicas em matrizes complexas. A sua capacidade de resposta adaptada a analitos ou condições de processo específicos pode ser aproveitada para otimizar os processos de fabrico, garantir a qualidade dos produtos e permitir o controlo de feedback em tempo real nas operações industriais. Além disso, a integração de sensores triazólicos fotoresponsivos em materiais e dispositivos inteligentes tem o potencial de criar sistemas adaptativos e reactivos que podem modular as suas propriedades em resposta a estímulos externos, abrindo caminhos para materiais avançados e dispositivos funcionais (**Figura 1**). Este livro aborda as caraterísticas estruturais, os métodos de síntese e as caraterísticas biológicas dos sensores de triazol fotoresponsivos.

2. SENSORES DE TRIAZÓIS À BASE DE ANTRACENO

Um sensor de fluorescência de ativação selectiva para iões sulfato de hidrogénio em metanol, de entre uma gama de aniões testados, pode ser realizado utilizando o cavitand à base de éter de coroa de açúcar-aza (**2**). A forte seletividade do recetor para o sulfato de hidrogénio depende da ligação de hidrogénio C-H entre o anel 1,2,3-triazol da cavitanda e o ião sulfato de hidrogénio, como demonstrado por investigações espectroscópicas, especialmente a espetroscopia de RMN (**figura 2a**).[21] O vinilogo do tetratiafluvaleno (TTFV) foi ainda funcionalizado com dois fluoróforos antrílicos através de uma cicloadição [3 + 2] alquino-azida catalisada por Cu(I), resultando na formação de um híbrido diantílico-TTFV (**3**) que apresentou um comportamento fluorescente de deteção de iões de dióxido de cobre, dióxido de ferro e cádmio em THF com um limite de deteção excecionalmente baixo até ao nível sub-ppm (**Figura 2b**).[22]

a)

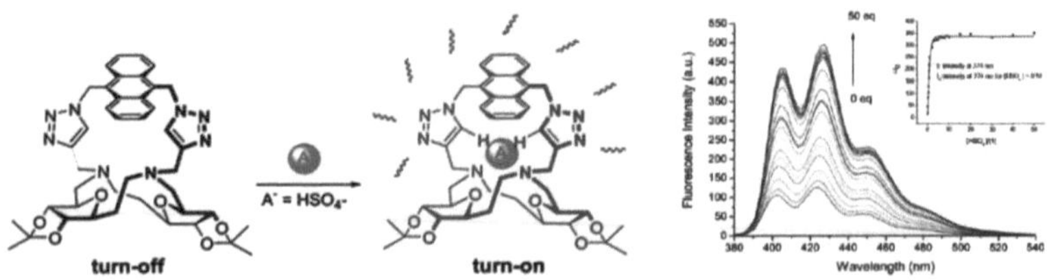

2

b)

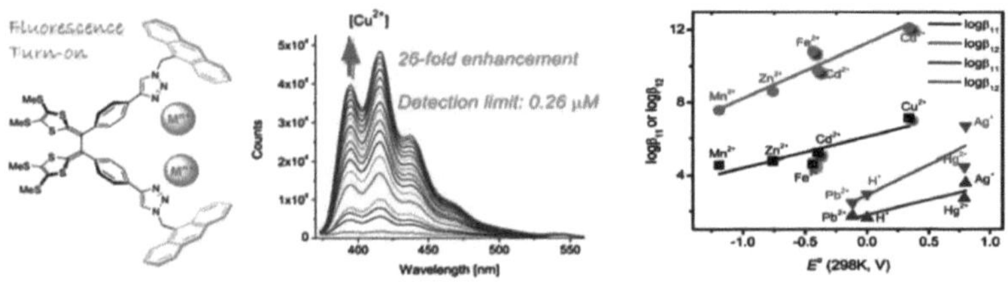

3

Figura 2. a). Estudo de fluorescência do sensor de cavitação baseado no éter de coroa de açúcar-aza (**2**). b). Estudo fotofísico de híbridos diantryl-TTFV (**3**).

A sonda de fluorescência (**4**) para Pb^{2+} numa solução aquosa é sensível e selectiva. Um tipo de quimiossensor de fluorescência reforçado por quelação que pode identificar o Pb^{2+} através de uma resposta de reforço da fluorescência é o "clique" baseado no diantraceno e na cisteína. Significativamente, é o primeiro quimiossensor de Pb^{2+} com uma resposta equivalente igual e é resistente à interferência de uma variedade de outros iões metálicos. Entretanto, funciona bem na deteção de Pb^{2+} em soro fetal de vitelo e células vivas (**Figura 3a**).[23] Os grupos antracenil e 3-propiltioacetato funcionalizados com calix[4]areno ligado a triazolil

(**5**) são caracterizados como calix bimodal. Foi demonstrado que este novo calix[4]areno era um sensor sensível a baixas concentrações de Hg^{2+} e produziu um SAM eficiente em ouro num dispositivo de microcantilever com várias matrizes. A sensibilidade ao Hg^{2+} foi validada por experiências competitivas. As análises DFT computorizadas apoiaram a localização mais provável da ligação metálica (**Figura 3b**).[24]

Figura 3. a). Quimiossensor fluorescente para o conjugado diantraceno-cicleno (**4**). b). Estudos computacionais do calix[4]areno bimodal funcionalizado com triazolil (**5**).

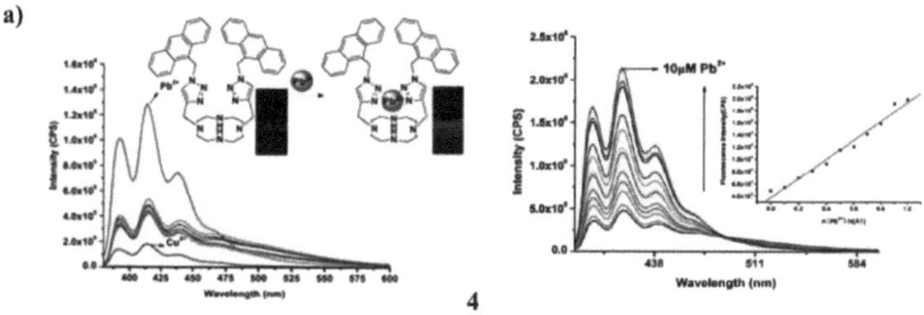

4

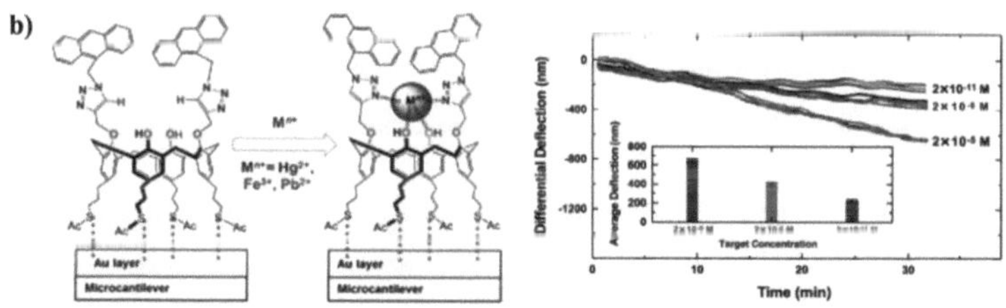

5

Um quimiodosímetro básico à base de tiossemicarbazida (**6**) utiliza a fluorescência para detetar iões Ce^{4+}. A ciclização oxidativa é a base do processo de deteção. O quimio-dosímetro tem uma seletividade notável para Ce^{4+}, permitindo a deteção de iões Ce^{4+} numa solução aquosa de etanol a uma concentração tão baixa como 11 nM (**Figura 4a**).[25] Para reconhecer seletivamente os aniões, foi criado um novo recetor (**7**) que utiliza interações electrostáticas e de ligação de hidrogénio. Este cria um gel estável em $CHCl_3$ contendo 10% de CH_3CN e detecta preferencialmente $H_2PO_4^-$, apresentando uma reação de emissão ratiométrica que é eficaz para visualizar $H_2PO_4^-$.

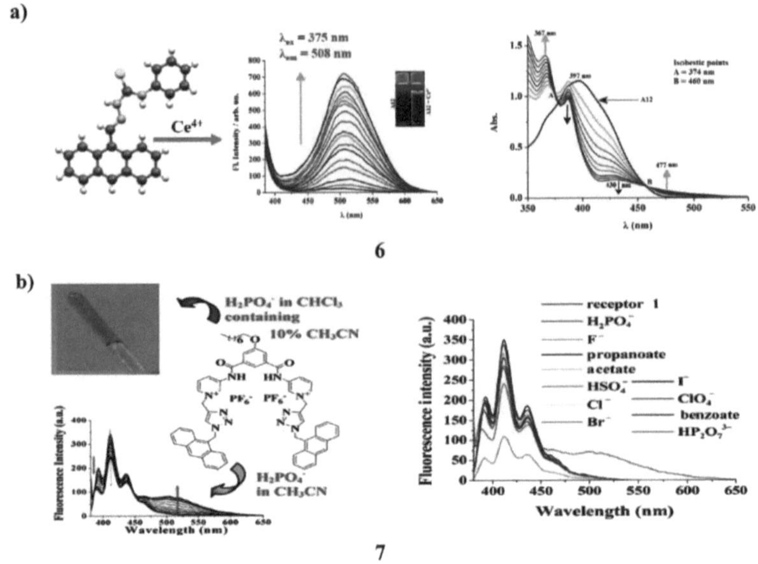

Figura 4. a). Deteção por fluorescência do quimio-dosímetro à base de tiossemicarbazida (**6**). b). Formação de gel de amida de bispiridínio ligada a triazol e marcada com antraceno (**7**).

Inversamente, em circunstâncias comparáveis, o recetor e o $H_2 PO_4^-$ não formaram um gel. A intensidade dos picos de emissão dos monómeros e do excímero aumentou significativamente em contacto com o $H_2 PO_4^-$. Além disso, a supressão não radiométrica da emissão dos monómeros gerada pelos iões F^- distingue-os dos outros tipos de aniões em estudo (**Figura 4b**).[26]

O antraceno como base para sistemas de fluorescência dipodal (**8**, FL) foi criado utilizando uma abordagem amplamente sintética. FT-IR,^{1} H NMR,^{13} C NMR e MALDI-MS foram utilizados para descrever o recetor miscível em água. Para ilustrar as caraterísticas fotofísicas do sensor sintetizado, foram efectuadas medições de fluorescência 3D e um estudo das matrizes de excitação-emissão (EEM). Foram utilizadas espectroscopias UV-Vis e FL para avaliar o desempenho do sensor em FL. Este sensor simples e sensível pode ser utilizado para medir pequenas quantidades de iões de ferro (Fe^{3+}). Foi encontrado um limiar de LOD de 0,314 µM no espetro linear de 0,3-130 µM em resultado da ação de extinção do Fe^{3+}. Com grande eficiência, este sensor de fluorescência foi utilizado para medir iões férricos em água ambiente e amostras de comprimidos. Utilizando uma variedade de fluoróforos e ionóforos, a abordagem sugerida pode ser utilizada para construir sensores não só para o Fe^{3+} mas também para muitos iões metálicos diferentes (**Figura 5a**).[27]

AnPc e AnPc-Tr (**9**) são novas ftalocianinas semicondutoras à base de antraceno que foram sintetizadas sem a utilização de solventes. A estrutura supramolecular destes compostos foi verificada por espectroscopias FT-IR e NMR. Através do uso de espectroscopias de UV-visível e de fotoluminescência, as suas caraterísticas ópticas foram examinadas. As películas de absorção foram utilizadas para determinar as lacunas ópticas, e os resultados mostraram que o AnPc-Tr e o AnPc tinham lacunas ópticas de 1,50 eV e 1,47 eV, respetivamente. $\pi\pi$Observaram-se interações menos fortes entre sistemas conjugados no estado sólido para a AnPc-Tr em comparação com a AnPc. O impedimento estérico é causado pelos grupos triazol, que reduzem a planaridade da estrutura macromolecular. A análise de voltametria cíclica foi utilizada para avaliar os níveis HOMO e LUMO. Dois derivados de ftalocianina exibem potenciais de ionização equivalentes. Quando comparados com a AnPc, os grupos triazol que contêm ftalocianina (AnPc-Tr) apresentam uma maior afinidade eletrónica. As tensões de ativação relativamente baixas foram demonstradas pelo fabrico de dispositivos de díodos de camada única (**Figura 5b**).[28]

a)

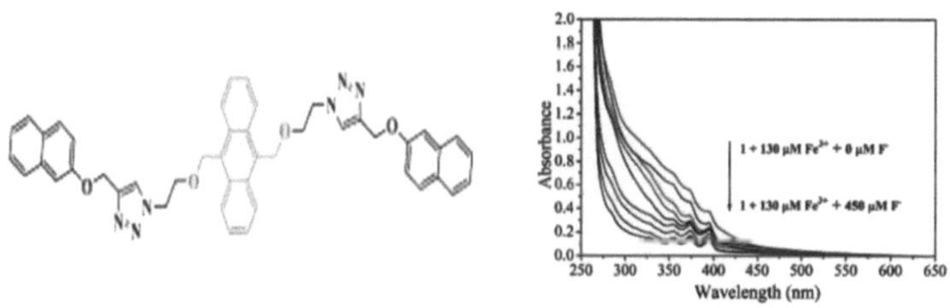

b)

8

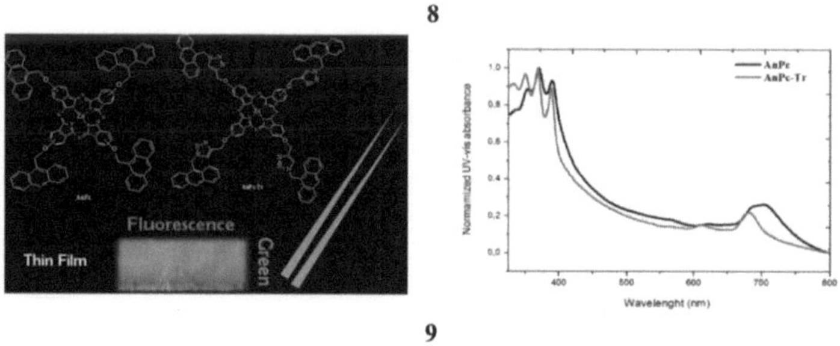

9

Figura 5. a). Estudo UV do sensor de fluorescência à base de antraceno (**8**). b). Estudo optoelectrónico da ftalocianina à base de antraceno (**9**).

As porções de antraceno e quinolina estão incluídas numa sonda molecular simples com ligação triazol que foi criada e produzida como uma sonda molecular fluorescente (**10**). A atividade fotofísica da sonda foi investigada e avaliada para a deteção de iões numa célula HeLa num meio parcialmente aquoso. Foi utilizada para criar um conjunto estável de Hg^{2+} e demonstrou uma afinidade significativa pelo metal. O conjunto Hg^{2+} apresentou uma forte afinidade para o cianeto com um elevado limite de deteção de 1,25 μM e um aumento da fluorescência de cerca de ~ 16 vezes quando interagiu com diversas classes de aniões. O conjunto Hg^{2+} pode detetar CN^- intracelularmente, de acordo com investigações que utilizam imagens de células vivas.

a)

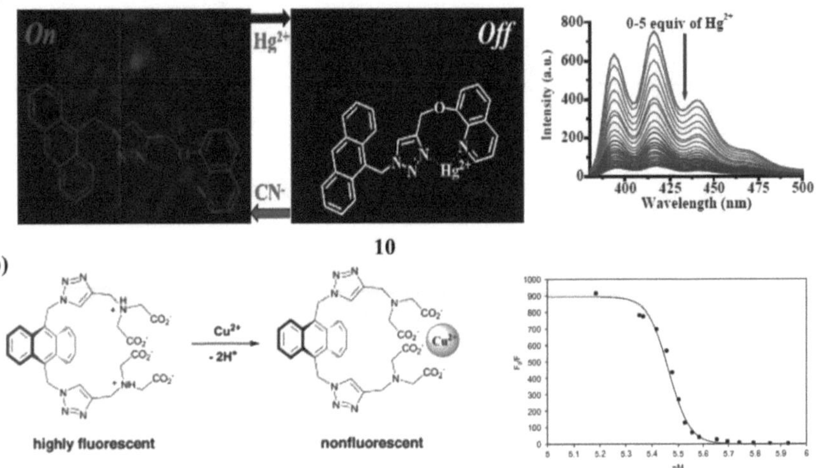

10

b)

11

Figura 6. a). Estudo de imagens de células vivas do sistema de antraceno e quinolina com pontes de triazol (**10**). b). Estudos de fluorescência do quimiossensor fluorescente de triazolil antraceno (**11**).

As tiras de papel de teste foram utilizadas para avaliar a aplicabilidade quantitativa da sonda para Hg^{2+} e CN^-. Além disso, foi simulado o equivalente molecular de um circuito lógico sequencial utilizando a caraterística de comutação "On-Off-On" visualmente percetível da sonda. O comportamento de ligação do Hg^{2+} é confirmado por ^1H NMR titration, ESI-Mass spectroscopy, and DFT computation (**Figura 6a**).[29] Foi sintetizada uma molécula fluorescente (**11**) baseada no antraceno através do processo de cicloadição azida-alquina catalisado por Cu(I) (CuAAC), que sofre uma atenuação substancial da fluorescência quando o Cu(II) é detectado. De acordo com as investigações de fluorescência, a substância forma um complexo 1:1 e pode ser utilizada para medir a concentração de Cu(II) numa solução aquosa a um nível micromolar (**Figura 6b**).[30]

3. SENSORES DE TRIAZÓIS À BASE DE CUMARINA

Um novo sensor de fluorescência para quinolona-cumarina (**12**, QC) que é diferentemente seletivo. Com Zn^{2+} , apresenta uma reação de ativação da fluorescência, e com Al^{3+} . Apresenta uma resposta ratiométrica baseada no mecanismo ICT em soluções de solventes mistos. O Al^{3+} também remove o Zn^{2+} através de um sinal ratiométrico de fluorescência extra deslocado para o vermelho do complexo [QC + Zn^{2+}]. Assim, utilizando dois métodos ratiométricos diferentes baseados no ICT e na metodologia de deslocação de iões metálicos concorrentes, um sensor QC de modo duplo pode ser utilizado para detetar Al^{3+} . Além disso, na existência de todos os outros iões metálicos competitivos na água, só pode detetar Al^{3+} . Esta ideia de conceção pode ser utilizada como base para criar sondas moleculares que sejam selectivas para diferentes iões metálicos (**Figura 7a**).[31] Além disso, vários derivados de triazolil cumarina (**13**) com e sem grupos espaçadores entre os grupos cumarina e triazol foram criados como sensores de fluorescência para investigar a sua seletividade e capacidade de ligação a iões metálicos. Descobriu-se que ligam 2 Hg^{2+} a uma concentração elevada (>12,5 mM) de Hg(ClO)42 . Inclui também uma ligação acetil entre o triazol e a cumarina. Demonstrou uma forte seletividade para o Hg^{2+} no solvente polar MeOH-$CHCl_3$ (9:1, v/v) com intensificação da fluorescência. Por outro lado, um ligando que exibiu uma estequiometria de ligação para um único Hg^{2+} exibiu uma substituição de um grupo benzilo pelo grupo 4-terc-butilfenoximetilo utilizado pela sonda na posição 4 da unidade de triazol. O C=O do acetilo e o grupo éter do 4-terc-butilfenoximetilo do ligando ajudaram os átomos de azoto do triazol na complexação do Hg^{2+} para criar um complexo 1.2, de acordo com os resultados da deteção de fluorescência, infravermelhos e ^1H NMR dos ligandos (**Figura 7b**).[32]

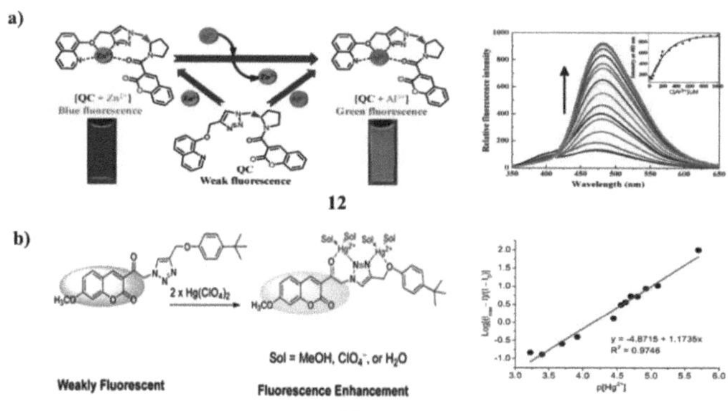

Figura 7. a). Estudo fotofísico do sensor fluorescente quinolona-cumarina (QC) (**12**). b). Quimiossensores fluorescentes de Hg^{2+} baseados em triazolil cumarinas (**13**).

Os complexos de lantanídeos (III) contendo grupos azida ou alquino reactivos foram funcionalizados por processos de adição cíclica azida-alquino catalisados por Cu^{I} . As reacções foram muito aceleradas pela utilização de micro-ondas, o que permitiu a transformação total nos compostos de triazol (**14**) em algumas situações em apenas cinco minutos. Os parceiros de acoplamento podem incluir azidas de alquilo e de arilo, bem como alquinos de alquilo e de arilo. Verificou-se que os ciclenotricarboxilatos e os quelatos de amida primários não reactivos ciclenotricarboxilatos eram eficazmente reagidos utilizando estas condições de reação. Começando com complexos alquinílicos de cumarina com 2 apêndices e um complexo azido-Eu, foram sintetizados complexos heterobimetálicos e heterotrimetálicos com um rendimento isolado até 60%. O EuTb17 apresentou emissão dupla de Eu^{III} e Tb^{III} após estimulação no centro da antena (**Figura 8a**).[33]

a)

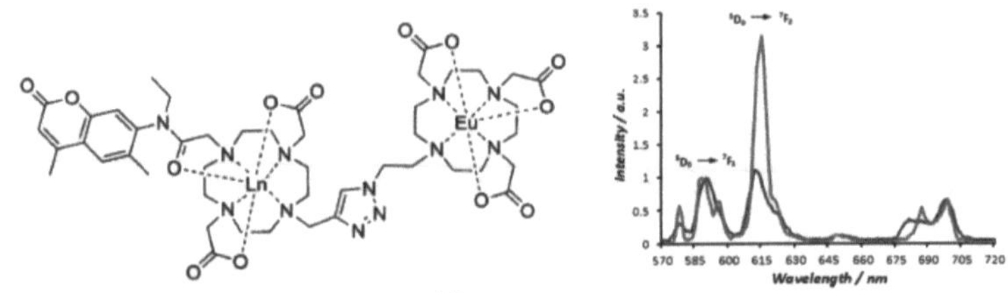

14

b)

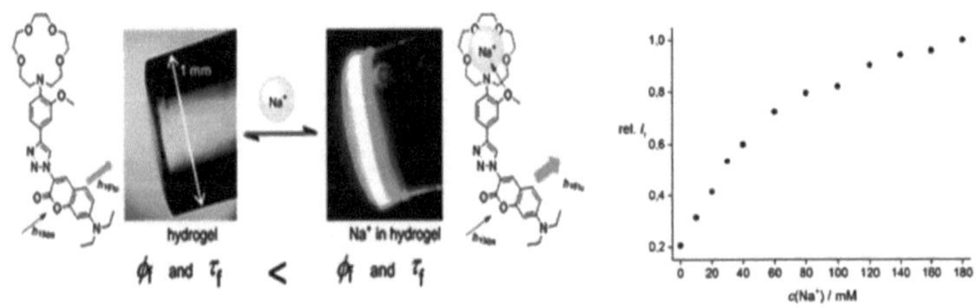

15

Figura 8. a). Estudo por micro-ondas de complexos de lantanídeos (**14**). b). Deteção por fluorescência do fluoroionóforo triazol (**15**).

Além disso, a duração do decaimento e a intensidade da fluorescência induzida pelo Na^+ são aumentadas in vitro por um fluoroionóforo 1,2,3-triazol (**15**) utilizado para a deteção do Na^+. Foi utilizado um hidrogel para incluir a enzima selectiva de Na^+ como componente de um sensor de fibra ótica. Ao monitorizar as variações temporais do decaimento reversível da fluorescência, este sensor permite a medição direta do Na^+ na gama de 1-10 mM (**Figura 8b**).[34]

Em estudos de deslocação de sinal, é demonstrado que os grupos quimiossensores correspondentes não são os mesmos que os receptores peptídicos (**16**) que incluem unidades Zn(II)-DPA com uma cumarina fluorescente ligada covalentemente, indicativa de uma estrutura contendo oxazol. (**Figura 9a**).[35] A deteção selectiva do Cd^{2+} e do HSO_3 foi conseguida através da síntese do diarileteno fotocrómico, que tem uma unidade de base de Schiff de 3-aminocumarina ligada a uma quinolina (**17**, 1O). Quando o Cd^{2+} foi detectado seletivamente, respondeu de uma forma fácil de compreender. Na presença de Cd^{2+}, a sua emissão de fluorescência foi aumentada 24,9 vezes e deslocada para o vermelho em cerca de 126 nm. A cor da fluorescência do 1O alterou-se entre o ciano escuro e o amarelo dourado. Foi demonstrado que existe uma relação de ligação de 1:1 entre o 1O e o Cd^{2+}. Foi possível construir um circuito lógico molecular com três entradas e uma saída que responde tanto à luz como ao metal. Além disso, o 1O demonstrou um aumento de 135 vezes na emissão de fluorescência e uma mudança discernível na tonalidade de fluorescência de ciano escuro para ciano brilhante, indicando a sua capacidade para identificar especificamente o HSO_3^-. A hidrólise do grupo de base de Schiff de 1O parece ser a base para a deteção de HSO_3^- de 1O, de acordo com^1 investigações de RMN de H e espetrometria de massa (**Figura 9b**).[36]

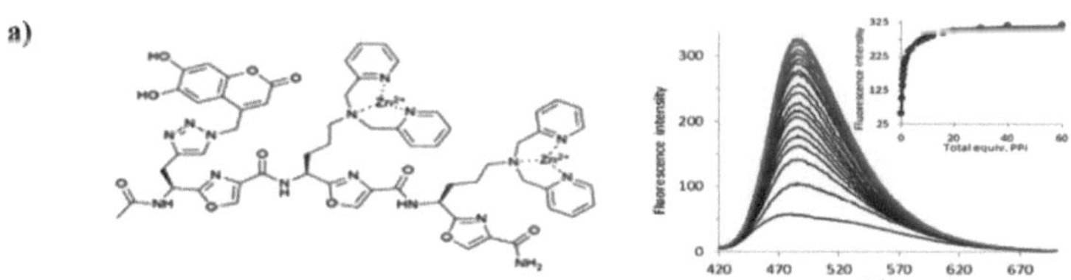

16

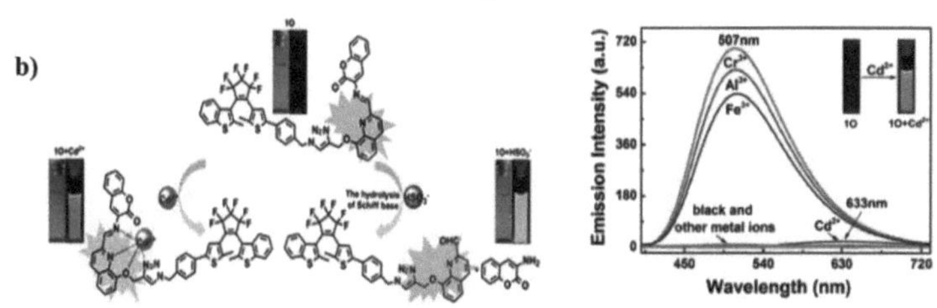

17

Figura 9. a). Estudo fotofísico de sensores de pirofosfato baseados em receptores de péptidos (**16**). b). Estudo UV de compostos de quinolina cumarina à base de triazol (**17**).

A adição cíclica de Huisgen catalisada por Cu(I) foi utilizada para "acertar" a síntese e produzir um sensor de quinolina ligado à cumarina e com ponte de triazol (**18**), que mostrou uma excelente seletividade para o perigoso Hg^{2+}. Notavelmente, uma análise de fluorescência resolvida no tempo mostrou que não foi detectada qualquer indicação de transferência de energia da molécula de quinolina para a cumarina. As simulações TDDFT corroboram o provável comportamento de ligação deste sensor ao Hg^{2+}, que foi recentemente determinado por espetroscopia de fluorescência em estado estacionário e resolvida no tempo, bem como por análise NMR. É adequado para a deteção intracelular de Hg^{2+}, uma vez que se demonstrou anteriormente que não é tóxico e é permeável à membrana celular (**Figura 10a**).[37] Os diferentes derivados de cumarina ligados por uma ligação triazol, o sistema de sinalização fluorescente derivado do clique foi criado como um quimiossensor fluorescente (**19**) que apresenta uma seletividade notável para os iões Ca^{2+} e Fe^{3+}. Quando os derivados de cumarina foram complexados com Ca^{2+}, verificou-se um aumento notável da fluorescência, mas quando complexados com Fe^{3+}, verificou-se uma diminuição notável da fluorescência. Um mecanismo de transferência de electrões foto-induzidos (PET) controla o aumento/queda da fluorescência no sensor. Este processo envolve a criação de complexos 1:1 de Ca /Fe^{2+3+} que interagem com derivados de cumarina, o que altera a sequência de níveis de tensão dos estados excitados (**Figura 10b**).[38]

a)

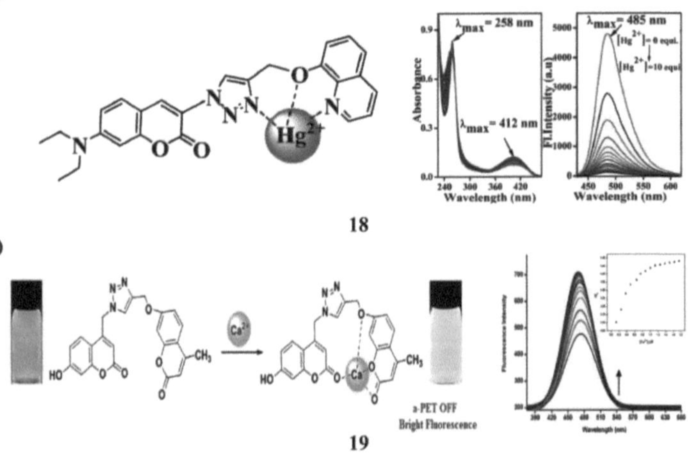

18

b)

19

Figura 10. a). Estudo FRET da cumarina-hidroxiquinolina com ponte de triazol (**18**). b). Estudo PET do sensor de Ca derivado de cumarina-triazol^{2+} (**19**).

As capacidades de reconhecimento iónico do recetor fluorescente tripodal (**20**) foram cuidadosamente examinadas utilizando métodos espectroscópicos após a sua criação e centradas na cumarina mineral. Os resultados mostram que forma um complexo 1:1 com o triazol N como sítio de ligação primário, demonstrando uma boa seletividade em relação ao cobre (II). Utilizando um método de deslocação de metal, o complexo Cu^{2+} resultante demonstra capacidade de reconhecimento para $H_2PO_4^-$. Foram utilizados cálculos informáticos para estudar melhor o mecanismo de reconhecimento (**Figura 11a**).[39]

a)

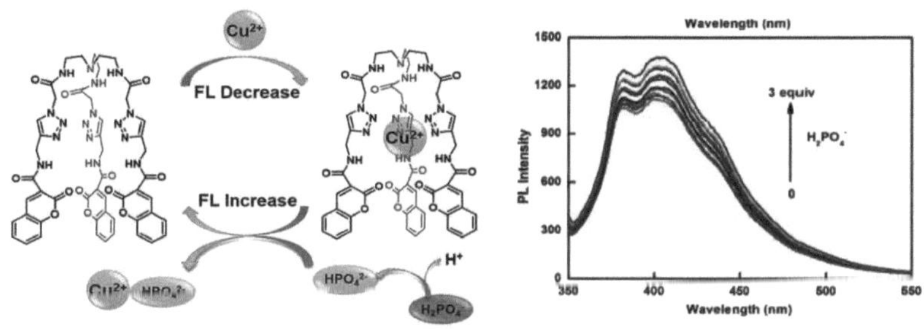

20

b)

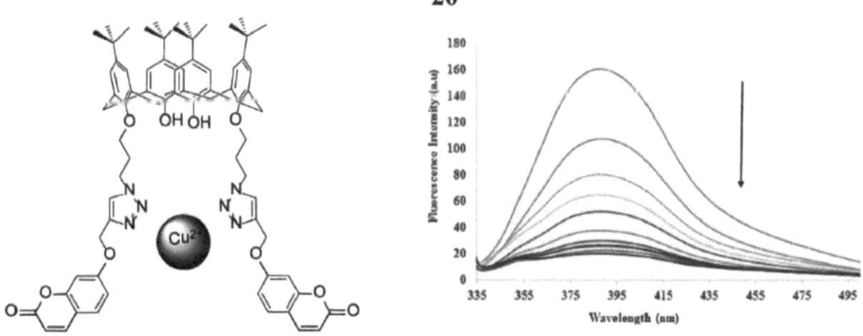

21

Figura 11. a). Estudo fotofísico do quimiossensor tripodal de Cu(II) baseado em cumarina (**20**). b). Estudo do soro sanguíneo humano do sensor fluorescente de Cu^{2+} baseado em triazol-cumarina calix[4]areno (**21**).

Além disso, foi utilizada uma reação de clique para criar o quimiossensor fluorescente calix[4]areno (**21**), que tem duas unidades cumarinas fluorogénicas no bordo inferior. A estrutura foi caracterizada por IR, NMR e análise elementar. As caraterísticas de ligação iónica da sonda foram investigadas utilizando acetonitrilo com vários iões metálicos, e as variações dos espectros de fluorescência, UV-Vis e ^1H NMR foram utilizadas para acompanhar o processo de identificação. O quimiossensor demonstrou uma preferência particular pelos iões de cobre em comparação com outros iões metálicos. Com base nos resultados da investigação do gráfico de trabalho, existe uma estequiometria 1:1 na ligação com Cu^{2+}. Descobriu-se que o complexo Cu^{2+} tem uma constante de associação (Ka) de $1,6 \times 10^5\ M^{-1}$. Verificou-se que o limiar de sensibilidade do sensor era de $1,6 \times 10^5\ M^{-1}$. Isto provou que a gama de sensibilidade do sensor era de $5,4 \times 10^{-7}$ M. Com 90-100% de cura, a identificação de iões de cobre no plasma sanguíneo humano foi conseguida com este quimiossensor sensível e seletivo (**Figura 11b**).[40]

Além disso, os glicoligandos fluorescentes (**22**) que têm duas moléculas de triazolil cumarina ligadas a locais distintos no mesmo núcleo glucosil apresentam uma resposta ótica oposta quando expostos a um ião metálico. A prata (I) era um dos muitos catiões metálicos presentes numa solução aquosa quando os glucósidos de cumarina di-substituídos produzidos por uma reação de clique também apresentavam uma variação selectiva de FL. Por outro lado, verificou-se que a variação era o inverso da FL do ligando C3,4, enquanto a FL do ligando C2,3/C4,6 era visivelmente elevada. Esta disparidade foi provavelmente causada pelas diferentes formas de complexação dos ligandos iónicos e conformativamente restritos, de acordo com as titulações de FL e RMN. Foi utilizada uma simulação informática para antecipar as estruturas ideais de associação ligando-ião. Em última análise, descobriu-se que esta associação tinha uma citotoxicidade mínima, o que tem sido útil para a monitorização por FL dos iões de prata absorvidos pelas células vivas (**Figura 12**).[41]

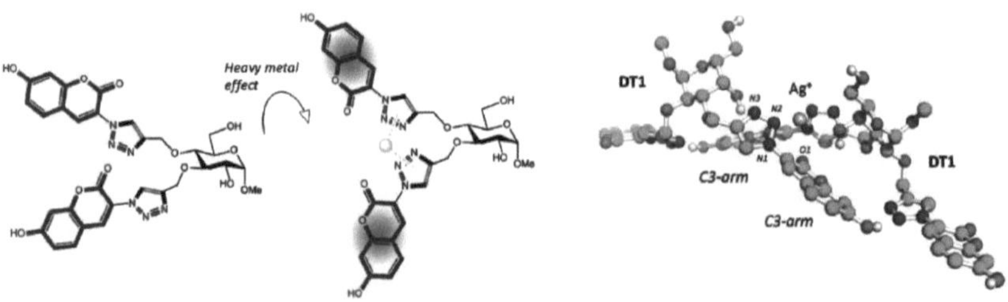

22

Figura 12. Estudo de imagiologia de células vivas de glicoligandos cumarínicos (**22**).

4. SENSORES DE TRIAZÓIS À BASE DE PIRENO

A síntese de um recetor básico de triazol à base de pireno (**23**) demonstrou que este só se pode automontar numa relação 2:1 quando o $ZnCl_2$ está presente, enquanto outros sais de Zn^{2+} provocam uma combinação de relações 2:1 e 1:1. A adição de $ZnCl_2$ em acetonitrilo produz um sinal de excimerização significativo a 410 nm, o que apoia a orientação das unidades de pireno como sendo syn. A estrutura sugerida é apoiada por cálculos DFT e espetroscopia NMR 2D (**Figura 13a**).[42] Foi desenvolvida e sintetizada uma série de quimiossensores cromogénicos (**24**) baseados em triazóis com conjugados de aminoácidos, hidratos de carbono e fluoróforos. Foi efectuada uma investigação sistemática sobre as capacidades de deteção de catiões metálicos dos bioconjugados de glicina-antraceno. Estes apresentam uma mudança de cor pronunciada de amarelo brilhante para castanho, em conjunto com as variações notáveis nos seus espectros de absorção. Podem detetar os iões Cu^{2+} e Pb /Hg^{2+2+} a "olho nu". Em contrapartida, os receptores exibem uma fluorescência fortemente atenuada após a inclusão de Hg^{2+} e Pb^{2+} dentro do limite de deteção de 4 e 2 ppb, respetivamente. A diminuição da fluorescência observada nos receptores após a coordenação do Cu^{2+} não tem precedentes e ocorre a 0,89 partes por bilião (ppb). É interessante notar que estes iões podem ser detectados seletivamente utilizando colorimetria em ambientes aquosos, uma vez que as suas respostas fluorescentes e colorimétricas permanecem intactas na presença de água. Os modos de coordenação sugeridos são sugeridos pela[1] H NMR titulação dos compostos em conjunto com as investigações DFT e os dados espectroscópicos (**Figura 13b**) [43]

a)

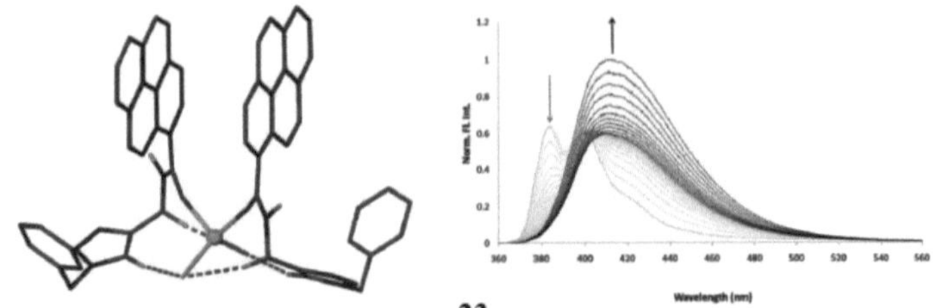

23

b)

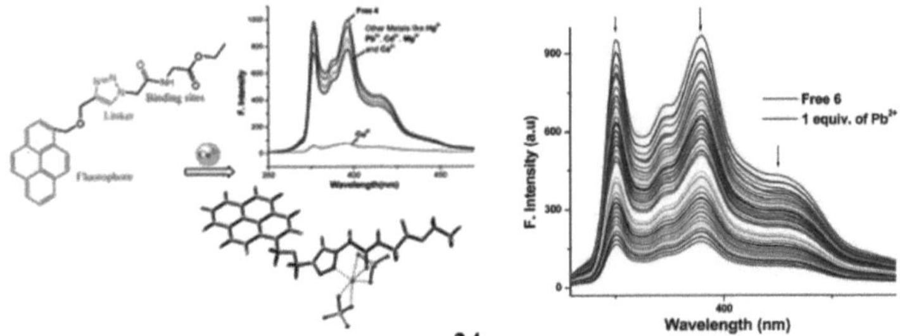

24

Figura 13. a). Estrutura "borboleta" de um sensor fluorescente de Zn baseado em pireno^{2+} (**23**). b). Estudo DFT do quimiossensor de Cu(II) fluorescente ligado a um aminoácido triazol (**24**).

De acordo com a investigação, as moléculas de água podem obstruir a ação do átomo pesado de Hg^{2+} quando se utiliza o quimiossensor homooxacalix[3]areno modificado por triazol ligado ao pireno (**25**). As variações raciométricas simples do sinal de fluorescência do pireno podem também ser utilizadas para separar os processos de efeito do átomo pesado e da sua inibição no mesmo sistema. Nunca antes foi demonstrado que uma sonda ratiométrica pode ser utilizada para monitorizar com precisão o sinal de fluorescência da atividade do efeito do átomo pesado na química dos sensores. Os resultados fornecem uma nova via para o rastreio de processos orgânicos e podem ser utilizados para criar novos quimiossensores "turn-on" para iões HTM (**Figura 14a**).[44] O quimiossensor fluorescente (**26**) foi criado e sintetizado utilizando unidades de pireno em conjunto com calix[4]areno ligado a um éter de coroa de açúcar. Tanto o espetro de fluorescência como o de absorção mudaram quando se adicionou Fe^{2+} ou Fe^{3+} . A atenuação substancial das intensidades de fluorescência sugere que estes dois iões metálicos têm uma elevada seletividade em comparação com outros metais de transição em estudo (**Figura 14b**).[45]

a)

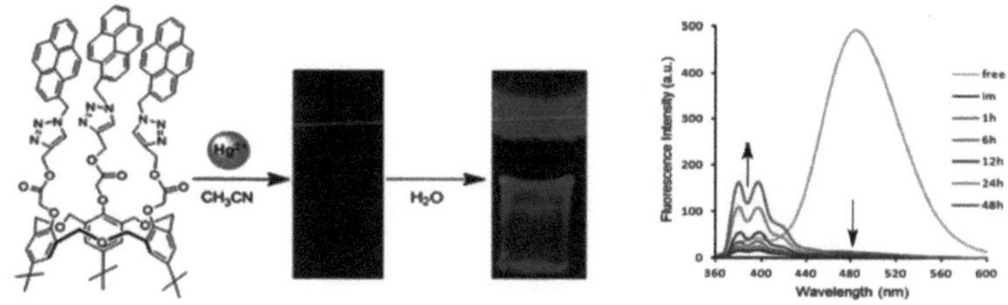

b)

25

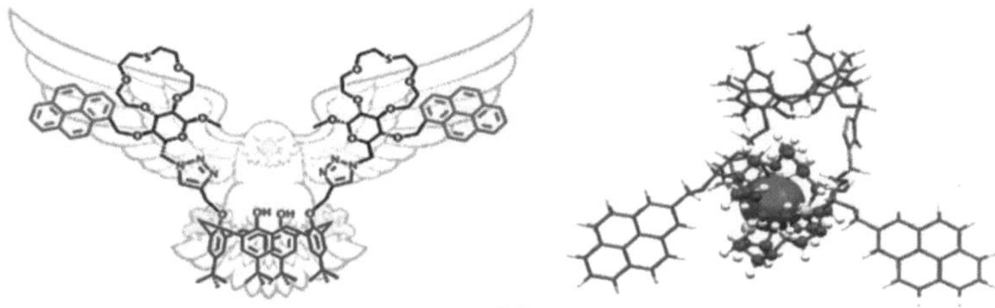

26

Figura 14. a). Intensidade de fluorescência do quimiossensor ratiométrico do Hg^{2+} (**25**). b). Estrutura cristalina do quimiossensor de calix[4]areno com éter de coroa de açúcar (**26**).

O hexahomotrioxacalix[3]areno (**27**) com funcionalidade de pireno de limite superior foi produzido através da química Click, tendo sido examinados os comportamentos de fluorescência em relação a alguns catiões metálicos comuns. Apesar da presença de outros catiões metálicos concorrentes, apresentou uma notável reação de atenuação da fluorescência em relação ao Hg^{2+} em solução CH_3CN. Como resultado, tem um limite de deteção de apenas nM e pode ser utilizado como um quimiossensor fluorescente altamente sensível e seletivo para o Hg^{2+} . É interessante notar que a adição de água pode ressuscitar com êxito a emissão de fluorescência extinta. Através da interação adicional de moléculas de água, a ação do átomo pesado de Hg^{2+} pode ser inibida neste processo, o que fará com que a emissão de fluorescência do complexo Hg^{2+} reapareça. Mais especificamente, a emissão de fluorescência do complexo Hg^{2+} também pode ser restaurada por outros solventes polares, incluindo MeOH e EtOH, mas numa escala muito inferior à da água. Utilizando um arcabouço homooxacalix[3]areno C3-simétrico, o efeito do átomo pesado e o seu bloqueio foram demonstrados no mesmo sistema. As investigações contribuíram para o conjunto de provas que apoiam o impacto bloqueador do átomo pesado (**Figura 15a**).[46] Foram produzidas e examinadas as caraterísticas fluoroionóforas em relação aos iões de metais de transição dos dois quimiossensores fluorescentes de D-ribose (**28**) com base em triazóis anexados a pirenil. Em solução de CH_2Cl_2/MeOH, mostra um reconhecimento muito específico do ião Hg^{2+} entre vários outros iões metálicos testados. Os valores calculados das constantes de associação são 1,73 × 10^5 M^{-1} e 4,44 × 10^5 M^{-1} , por esta ordem. A formação de complexos com o ião Hg^{2+} tem um limite de deteção de 10-15 μM de Hg^{2+} com uma relação ligando-metal de 1:1. Uma investigação computacional revelou que os dois pirenos paralelos foram separados e distorcidos um do outro como resultado do ião Hg^{2+} ocupar o centro de coordenação dos átomos N^2 e N^3 em dois grupos triazol (**Figura 15b**).[47]

a)

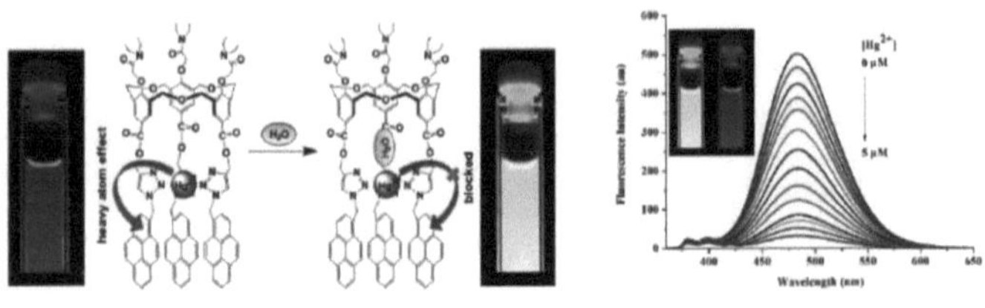

27

b)

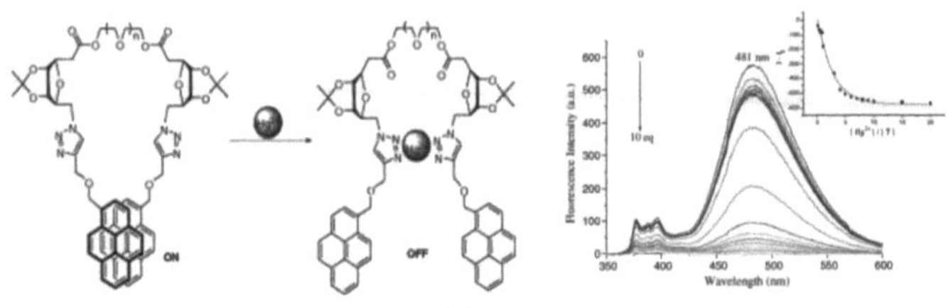

28

Figura 15. a). Estrutura do quimiossensor fluorescente "ON-OFF-ON" de Hg^{2+} (**27**). b). Estudo da emissão do sensor fluorescente de Hg^{2+} com base em ribose e anexado a um triazol com pirenil (**28**).

Além disso, a química de clique catalisada pelo Cu(I) foi utilizada para criar uma sonda fluorescente (**29**) com uma base bis-triazolilada-1,4-dihidropiridina ligada ao pireno. Esta demonstrou uma afinidade específica para o Cu^{2+} entre os vários iões metálicos examinados. Os resultados do gráfico de Job e do gráfico de Benesi-Hildebrand indicaram que geraram um complexo ligando-metal 1:1 com uma constante de associação, Ka = 6,63×10^4 M^{-1} . Descobriu-se que o limite de deteção do Cu^{2+} era de 0,53 μM. Descobriu-se que a resposta de fluorescência do ligando-Cu^{2+} variava com o pH e que funcionava eficazmente numa vasta gama de pH. Os estudos que utilizaram a teoria do funcional da densidade permitiram uma exploração exaustiva do processo de ligação Cu^{2+} . Além disso, descobriu-se que a sonda era segura para utilização numa variedade de linhas celulares malignas e benignas em contextos experimentais. Em células primárias de glioma humano (U-87), a microscopia de fluorescência demonstrou a permeabilidade das células e pode ser utilizada como uma sonda fluorescente para detetar a presença ou ausência de analitos Cu^{2+}. A fim de estabelecer uma abordagem prática e acessível para confirmar a presença de iões Cu^{2+}, foram também testadas tiras de papel com a sonda em ambientes aquosos (**Figura 16a**).[48]

a)

b) 29

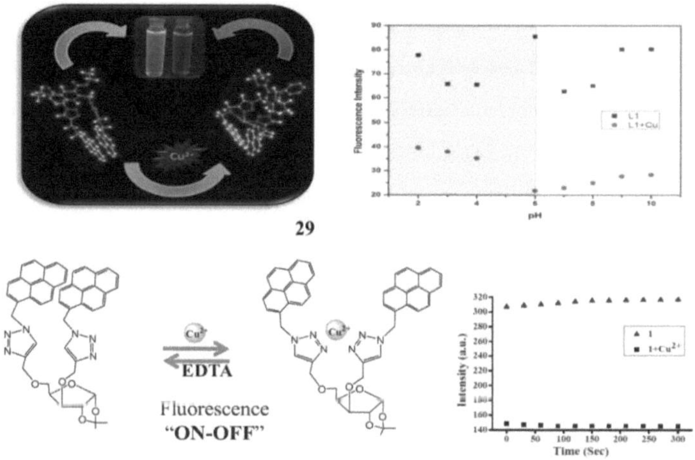

30

Figura 16. a). Estudo DFT do sensor fluorogénico de Cu^{2+} anexado a pireno (**29**). b). Estrutura do derivado de xilofuranose à base de bispirenil ligado ao triazol para deteção de Cu^{2+} (**30**).

Foi efectuada a síntese dos derivados de xilofuranose ligados ao triazol (**30**) com uma ou duas porções de pireno, tendo sido examinadas as caraterísticas de fluorescência em relação a diferentes catiões e aniões. Na presença de iões Cu^{2+}, demonstrou uma ação sensível e selectiva de supressão da fluorescência num amplo espetro de aniões e catiões em acetonitrilo. A explicação para a fluorescência do tipo ON-OFF foram as alterações estruturais causadas pelo contacto entre o Cu^{2+} e os grupos triazólicos voltados para o interior, o que resultou numa diminuição da emissão do monómero de pireno a partir de uma forte emissão de excímero. Foi determinado que o limite de deteção (LOD) do Cu^{2+} era de 0,15 μM (**Figura 16b**).[49]

O hexahomotrioxacalix[3]areno (**31**) com ligação 1,2,3-triazol contendo pirenil foi criado como um quimiossensor de fluorescência para o Zn^{2+} numa variedade de condições aquosas mistas. Mostrou uma forte afinidade para o Zn^{2+} e permitiu o ajuste do monómero e da emissão de excímeros das porções de pireno. Descobriu-se que o complexo Zn^{2+} tem uma estequiometria de ligação 1:1 com uma constante de associação

(Ka) de $7,05 \times 10^4$ M .$^{-11}$ O estudo espetroscópico de RMN H validou o seu comportamento de ligação com o Zn^{2+} (**Figura 17a**).[50] A polimerização por precipitação foi utilizada para criar o polímero de metacrilato de 2-bromoetilo (PBEMA) numa forma microesférica (2-5 µm). O grupo azida foi adicionado ao substituinte brometo e o 1-[(2- Propynyloxy)methyl]pyrene] foi então ligado a ele através da química de clique alquino-azida. A emissão de excímero verde-azul brilhante atingiu o pico a 480 nm nas microesferas ligadas ao pireno (**32**). Este facto sugere que existe um empilhamento π-π no interior das porções de pireno nas superfícies das microesferas. As emissões de fluorescência apresentam um elevado grau de sensibilidade aos nitroquímicos aromáticos. Para que a luz verde-azul desapareça assim que quantidades vestigiais de 2,4,6-trinitrotolueno (TNT), 2,4-dinitrotolueno (DNT) e 2,4,6-trinitrofenol (TNP) são adicionadas a um meio aquoso a 100%. Os respectivos efeitos de supressão da fluorescência foram comparados utilizando gráficos de Stern-Volmer. As parcelas de TNT, TNP e DNT apresentaram constantes de Stern-Volmer de $1,33 \times 10^5$, $2,45 \times 10^5$ e $1,07 \times 10^5$ M^{-1}, respetivamente. Além disso, as microesferas são reutilizáveis várias vezes sem perderem a sua capacidade de emitir excímeros (**figura 17b**).[51]

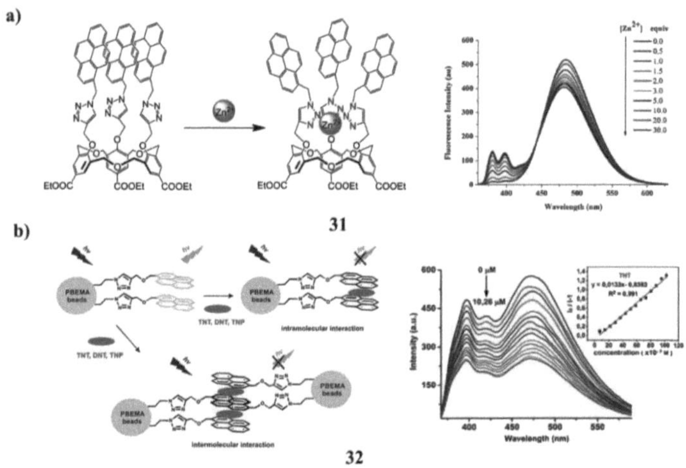

Figura 17. a). Estudo de fluorescência do quimiossensor Zn^{2+} à base de pireno-triazol e hexahomotrioxacalix[3]areno (**31**). b). Estudo de emissão de microesferas de PBEMA à base de pireno (**32**).

Os quimiossensores fluorescentes (**33**) baseados no tiacalix[4]areno foram sintetizados com triazol anexado ao pireno. Uma vez que os quimiossensores aumentam a emissão do monómero de pireno numa solução neutra, as variações nos espectros de fluorescência indicam que o Ag^+ é o ião metálico para o qual são mais selectivos. No entanto, a emissão de monómeros e de excímeros do pireno é abruptamente suprimida por outros iões de metais pesados, como o Cu^{2+} e o Hg^{2+}. De acordo com os dados de RMN de ^{1}H, as moléculas de triazol presentes nos receptores, em conjunto com a cavidade ionofórica constituída pelos átomos de enxofre e dois anéis de benzeno invertidos do tiacalix[4]areno, podem reconhecer especificamente o Ag^{+} (**Figura 18a**). [52]

a)

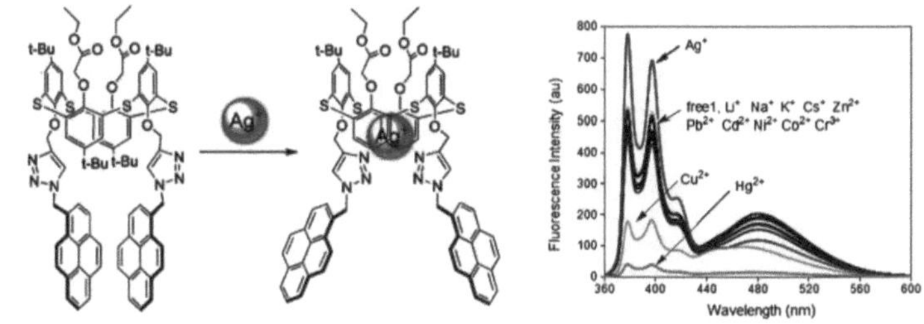

33

b)

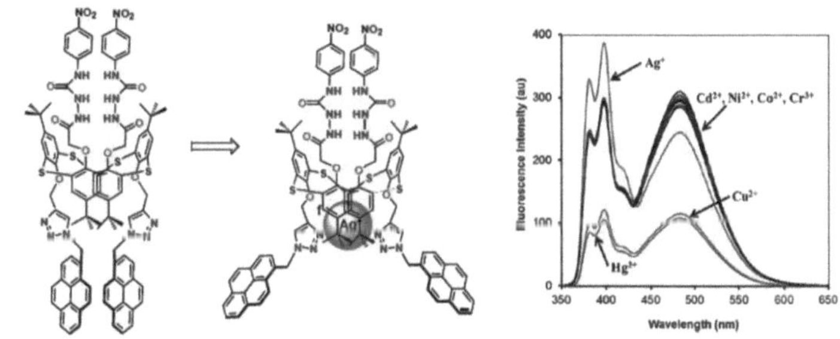

34

Figura 18. a). Estudo fotofísico do sensor fluorescente Ag^{+} à base de triazol e thiacalix[4]areno (**33**). b). Estudo de espetroscopia UV-vis de receptores luminosos à base de pireno-triazol (**34**).

Foram produzidos os receptores heteroditópicos sintéticos (**34**) com uma estrutura 1,3-alternativa de tiacalix[4]areno. Os locais de ligação aos aniões são ocupados por duas moléculas de ureia com diferentes grupos aril nas suas posições π, que são doadoras ou retiradoras de electrões. Dois anéis de triazol com pireno ligado servem como locais de ligação de catiões no outro lado da cavidade. A propriedade de ligação do recetor foi examinada através da utilização de ^{1}H NMR, espetroscopia UV-vis e ensaios de titulação de fluorescência realizados em solução DCM-DMSO com diferentes metais de transição, tais como catiões e aniões presentes. Os receptores com duas moléculas de p-nitrofenil ureido demonstraram ser os mais eficazes na complexação na cavidade da ureia ou dos bistriazóis. O potencial impacto alostérico do recetor foi também explorado (**Figura 18b**).[53]

No entanto, a química de clique catalisada por Cu(I) foi utilizada para criar o quimiossensor de fluorescência de amina tris-triazol ligado a pireno (**35**), altamente seletivo e fácil de preparar, a partir de tripropargilamina e azida de pireno. O sensor de fluorescência off-on apresenta um desvio ratiométrico na emissão e é muito seletivo para o Zn^{2+}. A adição de 10 equiv de iões Zn^{2+} com um limite de deteção de 0,2 μM provoca um aumento de 80 vezes na razão entre a intensidade relativa do monómero e a fluorescência do excímero do sensor (**Figura 19a**).[54] Foi sintetizado e avaliado um novo quimiossensor fluorescente à base de calix[4]areno (**36**) para a deteção de Zn^{2+} e Cd^{2+}. É bastante seletivo para o Cd^{2+} e o Zn^{2+} em relação a outros iões metálicos, como evidenciado pelas variações nos espectros de fluorescência que se observam com a adição de outros iões metálicos. A medição raciométrica é obtida adicionando Cd^{2+} e Zn^{2+} à solução da sonda (**Figura 19b**).[55]

a)

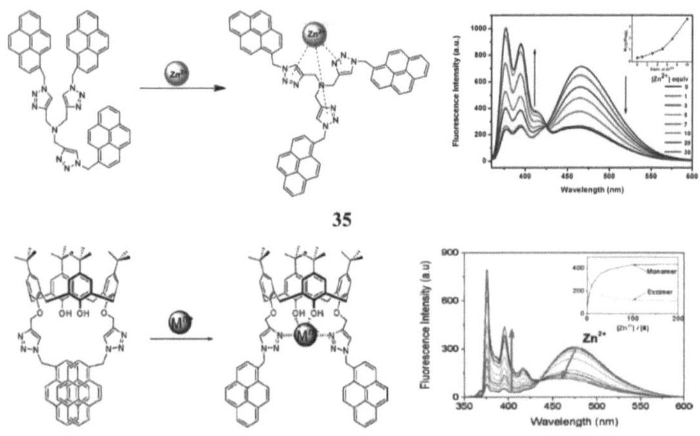

35

b)

36

Figura 19. a). Estudo ratiométrico do aduto de clique para o quimiossensor On-Off Zn^{2+} (**35**). b). Estudo de fluorescência do sensor Calix[4]areno Zn^{2+} (**36**).

5. SENSORES DE TRIAZÓIS À BASE DE NAFTALENO

A pinça de Bis-1,2,3-triazol (**37**) baseada em helicenóide foi sintetizada para investigar a sua capacidade de ligação de aniões em contraste com muitos outros aniões testados. Demonstrou uma seletividade excecional em relação aos iões iodeto. Foram utilizadas titulações e outras experiências adequadas para investigar a deteção selectiva e o impacto da concentração de iões I nos sinais detectados em espetroscopia de fluorescência, UV e RMN. Uma experiência de titulação de fluorescência produziu uma constante de ligação de $3{,}81 \times 10^4$ M^{-1} . O seu hospedeiro tem uma constante de ligação elevada para iões iodeto e funciona de uma forma muito selectiva. Não existe nenhum outro hospedeiro com uma fração 1,2,3-triazol que tenha demonstrado ter uma constante de ligação tão elevada para iodetos. O comportamento invulgar é atribuído à forma do helicenóide (**Figura 20a**).[56] Foi criado um novo dispositivo de fluorescência de ativação específica do catião Hg^{2+} utilizando um derivado de ferroceno-aminonaftolato (**38**). A sonda apresenta uma amplificação significativa da fluorescência e um desvio para o vermelho significativo de 68 nm no seu espetro de emissão após interação com o ião Hg^{2+} . Uma via alargada de transferência de carga intramolecular (ICT) e a isomerização C=N podem ter-se combinado para produzir a amplificação da fluorescência com um desvio para o vermelho. O limite de deteção foi de $2{,}7 \times 10^{-9}$ M, e a reação foi imediata. O pico redox do ferroceno/ferrocénio foi deslocado anodicamente por $\Delta E_{1/2} = 72$ mV após a identificação do Hg^{2+}, e a tonalidade "a olho nu" deste catião metálico mudou de amarelo escuro para laranja pálido. Além disso, a sonda atual apresenta uma saída de fluorescência significativa após a protonação do azoto da imina, o que é atribuído à inibição do processo de isomerização C=N. A fluorescência diminui gradualmente após a desprotonação com uma base forte, sugerindo que o H^+ e o OH^- podem ser utilizados para controlar a comutação da fluorescência ligada/desligada da sonda atual. De acordo com a investigação que utiliza a teoria do funcional da densidade, a adição de ácido faz com que o N de imina seja protonado. O protão de imínio que resulta desta protonação forma uma forte ligação de hidrogénio com um dos átomos N do triazol para criar um anel de cinco membros, o que confere à molécula a sua rigidez. Como resultado, o processo ICT é melhorado, o que resulta numa amplificação da fluorescência com um desvio para o vermelho. A operação lógica combinacional INHIBIT-OR foi demonstrada num sistema molecular criado utilizando uma combinação invulgar de iões H^+ , OH^- e Hg^{2+} (**Figura 20b**).[57]

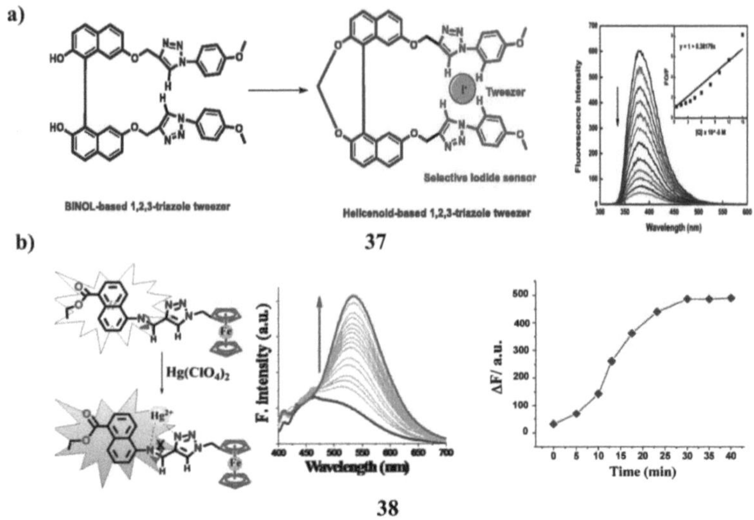

Figura 20. a). Estudo da emissão de uma pinça de triazol à base de helicenóides (**37**). b). Estudo das TIC do sensor de Hg^{2+} de ferroceno-aminonaftolato (**38**).

É apresentada e validada uma técnica em triazol selectiva para os catiões Al^{3+} que permite explicar o comportamento experimental de um quimiossensor luminoso ligado (**39**). O efeito de fluorescência reforçada por quelação (CHEF) é o nome dado ao aumento da emissão deste sensor na sequência da interação com iões após estimulação a 442 nm. A atenuação da fluorescência a 335 nm é causada pela transferência de electrões fotoinduzida (PET). A supressão da fluorescência pode ser influenciada pela orbital molecular do ligando em relação à orbital Ni $_{3dx2-y2}$. A força do oscilador mais forte é utilizada para demonstrar a intensidade máxima de luminescência do Al^{3+} a 494 nm em relação aos outros. Para uma compreensão completa do sensor, é necessário ter em conta as energias relativas dos estados excitados, bem como calcular a taxa e o tempo de vida da desativação da transferência de electrões (**Figura 21a**).[58] Foi concluída a síntese e a conceção de duas novas sondas moleculares com uma espinha dorsal de ferroceno (**40**). Descobriu-se mais tarde que eram capazes de discriminar entre os iões Fe^{3+} e Fe^{2+} em soluções aquosas. Estes receptores podem distinguir entre os dois estados de oxidação (II/III) do ferro. Isto pode ser demonstrado por medições de absorção UV-vis, que mostram uma mudança notável no potencial redox para o ião Fe^{2+}. O aparecimento de cores distintas em contacto com estas sondas, que servem de marcadores para a deteção qualitativa in situ do Fe^{3+} e do Fe^{2+}, permite ainda distinguir os catiões Fe^{2+} e Fe^{3+} através de uma simples inspeção visual. Descobriu-se que os limites de deteção dos catiões Fe^{2+} e Fe^{3+} utilizando receptores eram tão baixos como 30 e 15 partes por bilião (ppb), respetivamente. A titulação espectroscópica[1] H NMR, a espetrometria de massa com ionização por electrospray (ESI-MS), o gráfico de Job, as investigações computacionais (DFT) e os dados electroquímicos e espectrofotoquímicos foram utilizados para inferir as modalidades prováveis de ligação destes receptores ao Fe^{2+}. O estudo XRD monocristalino do ligando mostrou que as interações C-H/π e as ligações de hidrogénio intermoleculares C-H/O e O-H/N estabilizaram a sua estrutura no estado sólido. Os cálculos teóricos (DFT) revelaram que o grupo hidroximetilo ligado à unidade de naftaleno é crucial para a deteção selectiva de iões Fe $/^{2+3+}$ e para a estabilização da sonda numa configuração eclipsada peculiar através de ligações de hidrogénio do tipo C-H---O (**Figura 21b**).[59]

a)

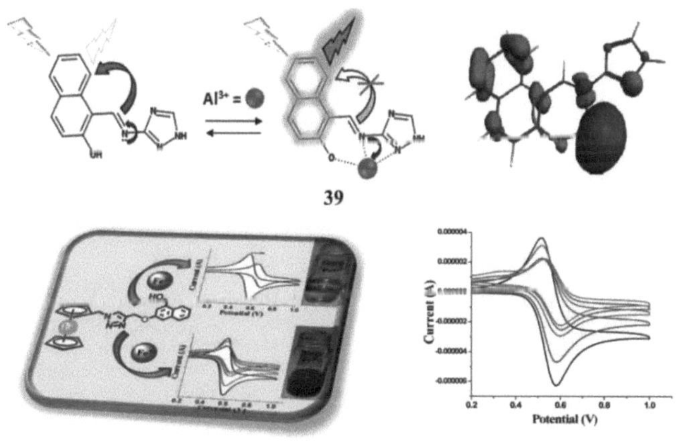

39

b)

40

Figura 21. a). Estudo PET do sensor Al^{3+} baseado na base de Schiff (**39**). b). Estudo DFT do sensor Fe^{2+} baseado na espinha dorsal do ferroceno (**40**).

Um sensor fluorescente direto e simples (**41**) baseado em pontos quânticos CdTe/CdS/ZnS funcionalizados com 4-(((3-aminonaftaleno-2-il)amino)metil)ácido benzoico (DAN-1) (QDs@DAN-1) foi criado para medir simultaneamente o óxido nítrico e o sulfureto de hidrogénio. O nafto triazol extremamente luminoso (DAN-1-T) foi produzido pelo DAN-1 neste sensor após o seu reconhecimento particular do óxido nítrico. Simultaneamente, o sulfureto de hidrogénio pode ser capaz de reduzir a intensidade de fluorescência dos QDs. Os QDs e o DAN-1-T apresentaram comprimentos de onda máximos de emissão de 635 e 440 nm, respetivamente, e podiam ser estimulados simultaneamente a 365 nm. Dois sinais de fluorescência distintos foram monitorizados em simultâneo para avaliar os níveis de óxido nítrico e sulfureto de hidrogénio. As concentrações de óxido nítrico e de sulfureto de hidrogénio têm limites de determinação de 0,051 e 0,13 μM, respetivamente. Foi também utilizado para medir os níveis de sulfureto de hidrogénio e de óxido nítrico no plasma humano. Poderá oferecer uma nova abordagem para examinar a ligação entre o óxido nítrico e o sulfureto de hidrogénio, ao mesmo tempo que clarifica as suas funções nos processos fisiológicos e patológicos associados (**Figura 22a**).[60] Além disso, a química do clique foi utilizada para criar um sensor de fluorescência à base de aminoácidos (**42**) com um grupo triazol através da síntese em fase sólida. Numa solução 100% aquosa, demonstrou uma reação ratiométrica muito sensível ao Hg^{2+}. Determinou-se que 672 nM era a constante de desintegração do Hg^{2+} numa solução aquosa de água. Apresentou uma resposta selectiva ao Hg^{2+} e uma deteção sensível do Hg^{2+} entre os treze iões metálicos analisados.

Figura 22. a). Espectros Raman do sensor fluorescente H_2S baseado em pontos quânticos (**41**). b). Estudo fotofísico da deteção de Hg^{2+} baseada em triazol dansil (**42**).

a)

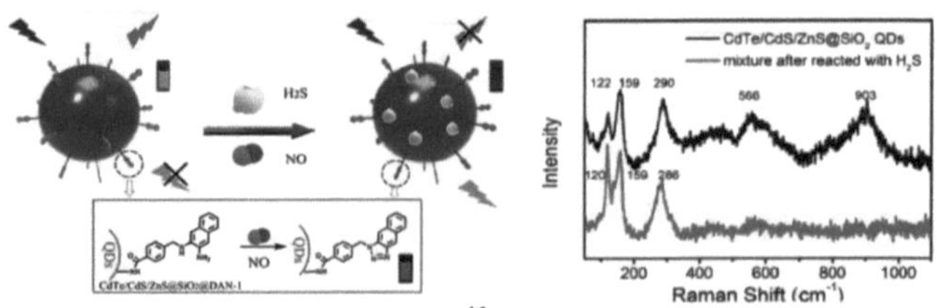

41

b)

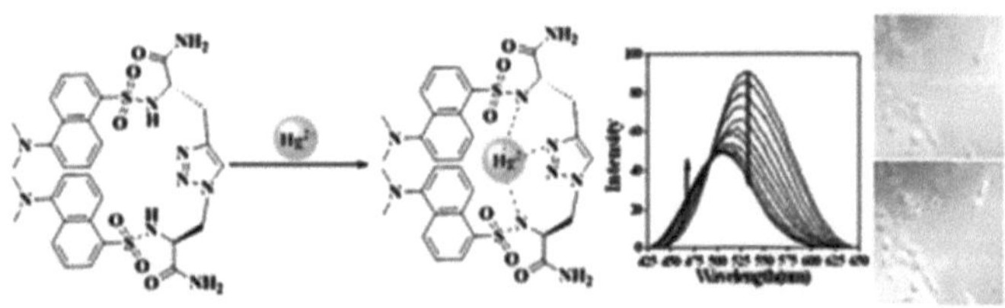

42

Dois grupos sulfonamida e triazol demonstraram ser cruciais para as interações com o Hg^{2+} de acordo com estudos de RMN de[1] H. Estes inseriram-se em células vivas e encontraram Hg^{2+} intracelular. Permitiram a deteção ratiométrica de Hg^{2+} tanto em solução aquosa a 100% como em células vivas com seletividade e sensibilidade (**Figura 22b**).[61]

A química de cliques, que funciona como quimioprodutos fluorescentes que desligam o Hg^{2+} numa solução aquosa, simplificou a síntese dos anfifílicos do tipo ABA utilizando um bloco aromático à base de triazol (**43**). É interessante notar que o mecanismo de ligação de metais dos anfifílicos produziu nano-conjuntos mesmo abaixo das CMCs, e as morfologias das nanoestruturas resultantes foram influenciadas pela estequiometria de ligação (**Figura 23a**).[62]

a)

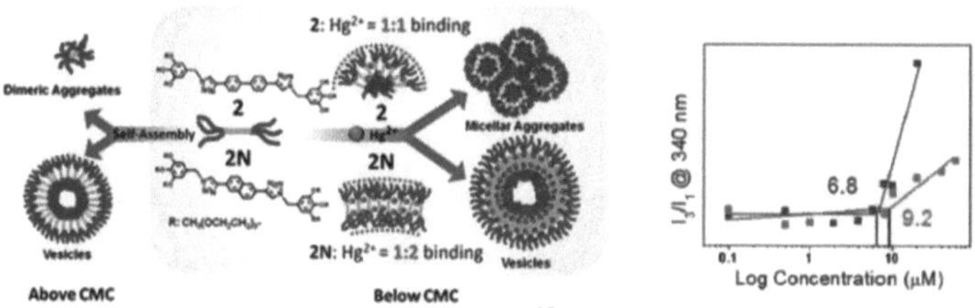

43

b)

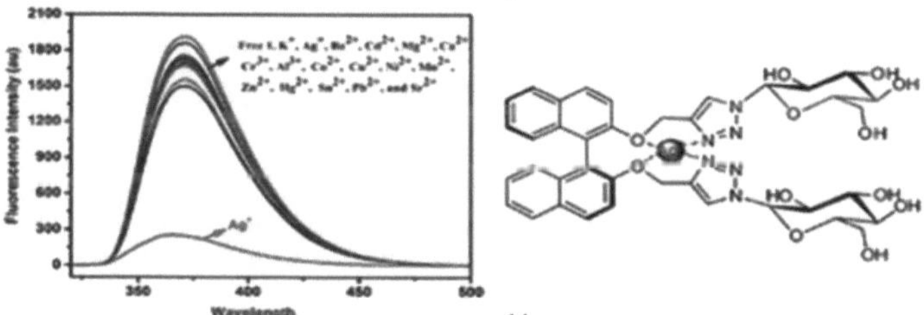

44

Figura 23. a). Estrutura de anfifílicos à base de triazol para iões Hg^{2+} (**43**). b). Estudo fotofísico do quimiossensor Ag^{+} à base de BINOL-glicose (**44**).

Um novo sensor de fluorescência derivado de BINOL-glicose (**44**) foi sintetizado através de uma reação de clique, utilizando uma espinha dorsal flexível de 2,2'-binaftol (BINOL). De acordo com as respostas de fluorescência do derivado de BINOL-glicose na presença de vários iões metálicos concorrentes e sem qualquer interferência discernível de outros iões metálicos. Pode ser empregue como um sensor químico fluorescente específico para Ag^+. O processo foi investigado utilizando dados de espetrometria de massa e de espetroscopia de RMN, que sugeriram que o Ag^+ e o BINOL-glucose formaram uma combinação 1 + 1. A coordenação do ião prata envolve dois átomos de azoto do triazol e dois átomos de oxigénio do SBINOL (**Figura 23b**).[63]

A síntese, caraterização e utilização de um novo imino-fenol decorado com 1,2,3-triazol (**45**) na deteção de iões metálicos. Apresenta um aumento significativo da emissão em contacto com o Zn^{2+} em relação a uma variedade de outros iões metálicos e é ligeiramente fluorescente em CH_3CN-H_2O. A avaliação produz uma constante de ligação (Ka) de 9,06 x 10^4 M^{-1} e um limite de deteção de 1,8 x 10^{-6} M. Devido à interferência que se sabe que o Cu^{2+} causa na deteção do Zn^{2+}, o conjunto Zn^{2+} em CH_3CN-H_2O pode detetar seletivamente o Cu^{2+}. O conjunto de zinco foi utilizado como uma aplicação para identificar o ácido pícrico (PA) entre muitos outros nitroaromáticos. Uma análise teórica da teoria do funcional da densidade explicou os resultados experimentais (**Figura 24a**).[64] Foi criado e estudado um novo triazol macrocíclico (**46**) contendo naftaleno. Demonstrou uma forte capacidade de deteção de fluorescência do Hg^{2+} em relação a outros iões metálicos em soluções de acetonitrilo e acetonitrilo-água. Devido à sua ação macrocíclica, apresenta uma seletividade e sensibilidade superiores. Os átomos N do triazol e os átomos O dos grupos éter ligaram-se entre si durante a complexação com Hg^{2+}, de acordo com os dados de titulação por RMN de ^1H e os resultados dos cálculos DFT (**Figura 24b**).[65]

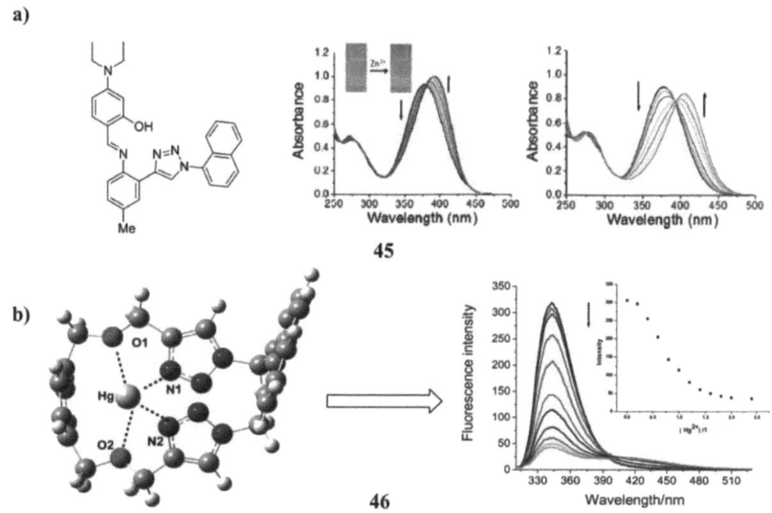

Figura 24. a). Estudo UV do imino-fenol decorado com triazol para o sensor de Zn^{2+} (**45**). b). Propriedades de fluorescência do sensor de Hg baseado em naftaleno-triazolofano^{2+} (**46**).

Foram criados e fabricados os quimiossensores colorimétricos, electroquímicos e fluorescentes (**47**) acoplados a triazóis e baseados em conjugados ferroceno-naftaleno. Estudos sistemáticos das interações de vários iões metálicos revelaram uma afinidade de ligação significativa e específica para o ião Hg^{2+}. É possível determinar o evento de ligação de ambos os receptores observando uma alteração significativa do potencial redox ou uma reação muito visível ao catião Hg^{2+}. A quantidade máxima de catião Hg^{2+} na água potável especificada pelas recomendações da EPA é significativamente superior ao limite de deteção com o catião Hg^{2+}, que se verificou ser tão baixo como 2,6 partes por bilião (ppb) e 4,5 ppb, respetivamente. Além disso, os sensores mostram uma elevada seletividade e sensibilidade para o catião Hg^{2+} em sílica sólida suportada num ambiente aquoso, bem como em kits de teste feitos em papel. Além disso, ^{1} H NMR titration, ESI-MS, investigações computacionais (DFT) e dados electroquímicos e espetro-fotoquímicos foram utilizados para propor potenciais mecanismos de ligação destes receptores ao Hg^{2+}. (**Figura 25a**).[66] A base de Schiff (**48**) tem uma forte preferência pelo ião Al^{3+} em relação a outros iões metálicos. É sensível ao Al^{3+} em DMF, sendo o limite de deteção tão elevado como 0,69 μM. A criação de um complexo 1:1 Al^{3+} após a adição é responsável pelo aumento considerável (32 vezes) da intensidade de fluorescência da sonda a 466 nm; este fenómeno é conhecido como efeito de fluorescência reforçada por quelação (CHEF). A sua aplicação potencial como sonda fluorescente para Al^{3+} em células vivas é demonstrada pela investigação de microscopia de fluorescência confocal (**Figura 25b**).[67]

a)

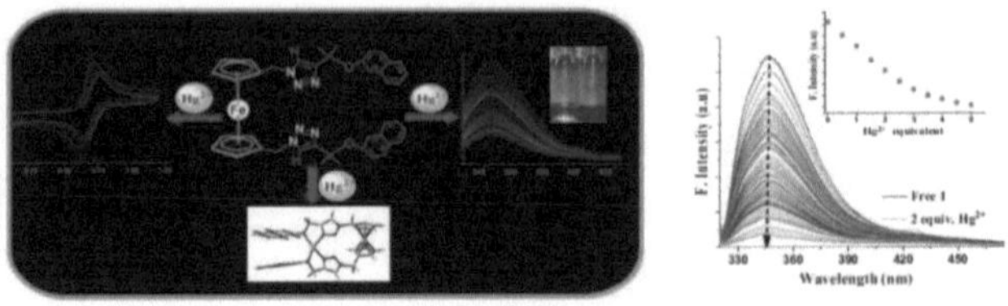

47

b)

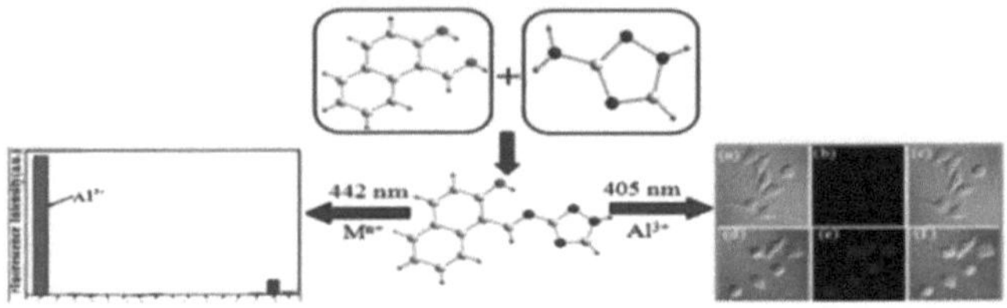

48

Figura 25. a). Estudo eletroquímico de conjugados de ferroceno-naftaleno à base de triazol (**47**) b). Aplicação de bioimagem de naftol-triazol para quimiossensor de Al(III) (**48**).

A deteção "turn-on" de aniões foi confirmada por estudos de espetroscopia NMR realizados num novo sensor de fluorescência à base de 1,2,3-triazol (**49**) substituído por naftaleno. O método "Click chemistry" foi utilizado para sintetizar os sensores numa única etapa com facilidade e com excelente rendimento. Os testes de seletividade e sensibilidade em relação a uma gama de aniões revelaram que o sensor respondia mais fluorometricamente ao anião fluoreto. O sensor e o anião fluoreto têm uma estequiometria de ligação 1:1, o que é confirmado por estudos de RMN e de espetroscopia de fluorescência. A estrutura do sensor de estado sólido foi revelada através de difração de raios X de cristal único (**Figura 26a**).[68] Os sensores químicos isoméricos duplos à base de naftiltioureia (**50**) foram obtidos com rendimentos globais notáveis utilizando estruturas de triazol, um substituto para a amida com um momento de dipolo significativo.

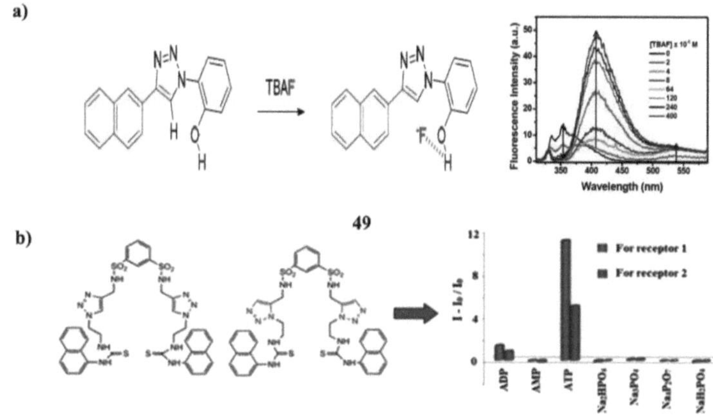

49

50

Figura 26. a). Estudo por RMN de sistemas naftaleno-triazol para sensor de aniões (**49**). b). Estudo fluorométrico de bis-sulfonamidas à base de triazol para sensor de ATP (**50**).

Os quimiossensores prontamente sintetizados destinam-se a detetar aniões e a fornecer uma avaliação comparativa das suas capacidades de deteção. Estes quimiossensores identificam preferencialmente vários fosfatos inorgânicos, bem como uma classe de nucleósidos fosforilados como o AMP, o ADP e o ATP em condições semi-aquosas. Ao demonstrar um aumento significativo da emissão, a investigação fluorométrica demonstrou que ambos os sensores reconheciam preferencialmente o ATP em CH_3CN/H_2O. São mais bem sucedidos na deteção selectiva de ATP do que o sensor à base de triazol 1,5-dissubstituído (**Figura 26b**).[69]

6. SENSORES DE TRIAZÓIS À BASE DE RODAMINA

Uma monocamada fluorescente auto-montada (**51**) pode ser utilizada para detetar Hg^{2+} em soluções orgânicas e aquosas e é criada por uma "reação de clique". O sensor de fluorescência resultante apresenta um impacto sinérgico entre os nitrogénios de um grupo triazol e uma porção de rodamina, resultando numa resposta rápida e numa grande sensibilidade ao Hg^{2+}. Em soluções aquosas, as caraterísticas de deteção mantêm-se estáveis numa vasta gama de pH (**Figura 27a**).[70] A deteção ratiométrica de iões Fe^{3+} a níveis ppb utilizando um novo sensor de fluorescência de molécula única baseado na FRET (**52**). Permite a medição espectrométrica e visual dos níveis de Fe^{3+} em amostras biológicas e aquosas e é muito seletivo para o Fe^{3+} em relação a outros iões metálicos concorrentes. Permite a monitorização ratiométrica das concentrações internas de Fe^{3+} nas células vivas NIH 3T3 e é estável a um pH normal. A primeira utilização bem sucedida de um sensor ratiométrico baseado em FRET para a deteção intracelular de iões Fe^{3+} (**Figura 27b**).[71]

a)

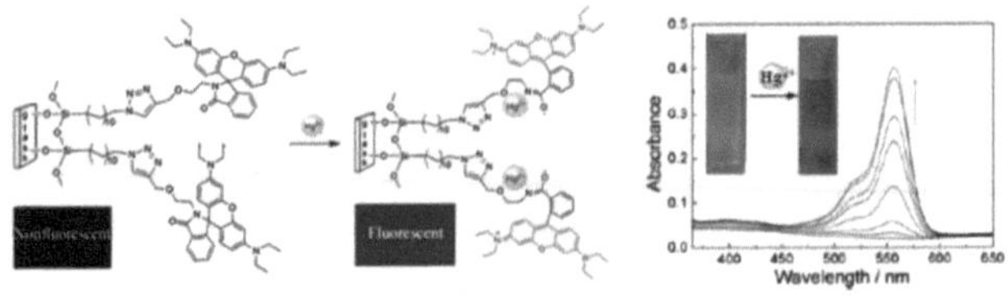

51

b)

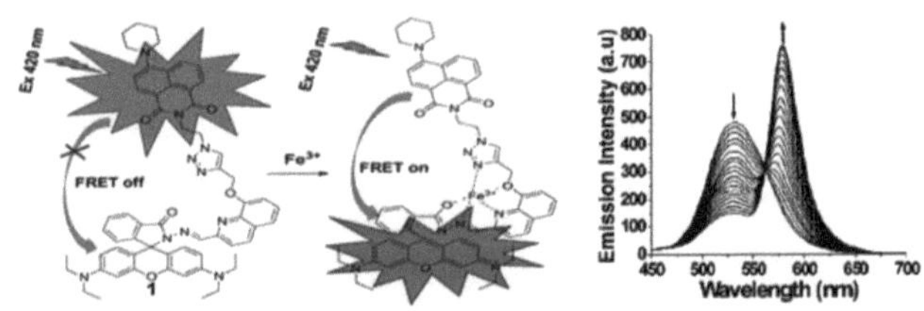

52

Figura 27. a). Auto-montagem de quimiodosímetro à base de rodamina para deteção de Hg^{2+} (**51**). b). Estudo intracelular de um sensor de Fe baseado em rodamina-triazol^{3+} (**52**).

Ilustra ainda a importância do tamanho, tipo e orientação dos átomos de coordenação na formação do anel quelante para a criação de complexos selectivos de iões metálicos. A sonda (**53**) liga Cu^{2+} com uma estequiometria de 1 : 2 sem necessidade de um átomo "N" de piridina, mesmo na presença da combinação "O-N-N" de átomos de coordenação. Através da aplicação de sondas, demonstrou-se que a dimensão do anel de ligação afecta a estequiometria de um complexo. Forma um complexo 1 : 1 com Cu^{2+} é extremamente seletivo para Cu^{2+} em relação a outros iões metálicos concorrentes e permite a deteção espectrométrica e visual de Cu^{2+} em amostras biológicas e aquosas. Ajuda a detetar níveis internalizados de Cu^{2+} em células vivas de queratinócitos, persistentes num nível de pH normal e citotóxicos em doses baixas para as células NIH 3T3 (**Figura 28a**).[72] A sonda à base de rodamina (**54**) foi sintetizada e imobilizada em feixes de fibras ópticas através dos processos de acoplamento éster-amina, silanização e fotodeprotecção. Devido à abertura do anel da espirolactama, a sonda mostrou um aumento da fluorescência tanto em solução como à superfície, juntamente com hipercromicidade da absorvância na presença de Hg^{2+}. A sonda confinada à superfície, que é montada covalentemente na fibra ótica, pode detetar quantitativamente o Hg^{2+} na gama micromolar através da utilização da análise através da fibra em volumes distantes.

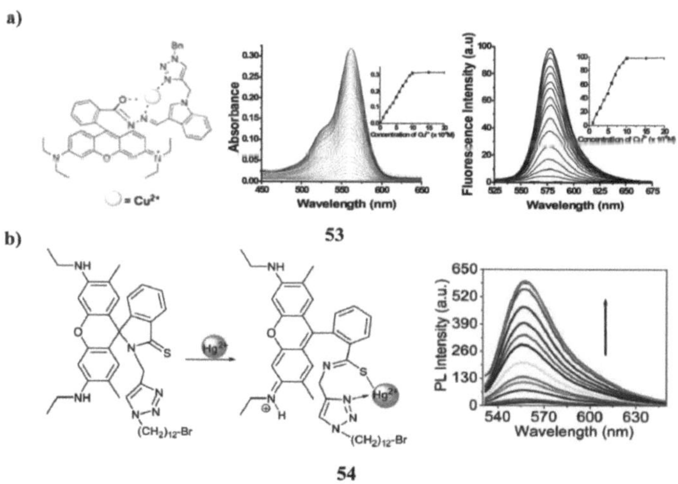

Figura 28. a). Estudo fotofísico do ião cobre(II) à base de rodamina (**53**). b). Estudo fotoquímico do quimiossensor de Hg à base de rodamina^{2+} (**54**).

A avaliação quantitativa é possível graças a uma ligação linear que envolve o nível de fluorescência e log c (Hg^{2+}). Este estudo não só revela que as fibras individuais são resolvidas na sua resposta PL, como também cria oportunidades para a análise remota das nanotips individualmente funcionalizadas e das matrizes de sondas múltiplas em fibras ópticas que empregam a foto-deprotecção/funcionalização através da fibra (**Figura 28b**).[73]

A porção 1,4-triazol recentemente sintetizada está implicada no padrão de quelação de um novo dispositivo sensor de Ca^{2+} (**55**). Uma vez que o pró-sensor é insensível ao Ca^{2+}, é possível funcionalizar qualquer biomolécula, polímero ou chip decorado com azida sem ter de separar o precursor do resultado final. Este dispositivo é de fácil obtenção e constitui um substituto viável para os sensores de gama micromolar baseados em BAPTA. Além disso, a sensibilidade, a luminosidade e o carácter funcionalizável deste instrumento fazem dele uma ferramenta preciosa para a monitorização prospetiva dos transientes de Ca^{2+}. Estes novos indicadores têm excelentes caraterísticas e prevê-se que as suas sondas fluorescentes de Ca^{2+} de baixa afinidade, vermelhas e insensíveis ao Mg^{2+} alargarão o repertório de sensores fluorescentes de Ca^{2+} (**Figura 29a**).[74] Uma nova sonda de fluorescência ratiométrica FRET "OFF-ON" (**56**) é criada através de uma síntese "click" simples, num só passo, catalisada por Cu(I), entre uma dansil-azida e uma hidrazida de rodamina B substituída por propargil. Na rodamina de anel aberto, a emissão sensível do grupo dansil doador coincide completamente com a absorvância do xanteno aceitador. Apresenta um grau significativo de seletividade de Cu^{2+}. Quando se adiciona Cu^{2+}, o rácio das intensidades de emissão a 568 e 540 nm aumenta drasticamente 28 vezes. Com um limite de deteção de 0,12 mM, demonstra uma boa ligação linear entre os rácios de emissão e as concentrações de Cu^{2+} de 10 a 50 mM. De acordo com as investigações celulares iniciais, a sonda é quase completamente citotóxica e pode ser utilizada para a imagiologia fluorescente ratiométrica do Cu intracelular^{2+}. É também permeável às membranas celulares. Utilizando uma reação de "clique", a conceção da sonda constrói, de forma inteligente e simultânea, um recetor seletivo e um interconector dador-acetor FRET. Foi confirmado que o método é muito prometedor para a criação de novas sondas FRET de Cu^{2+} (**Figura 29b**).[75]

a)

b)

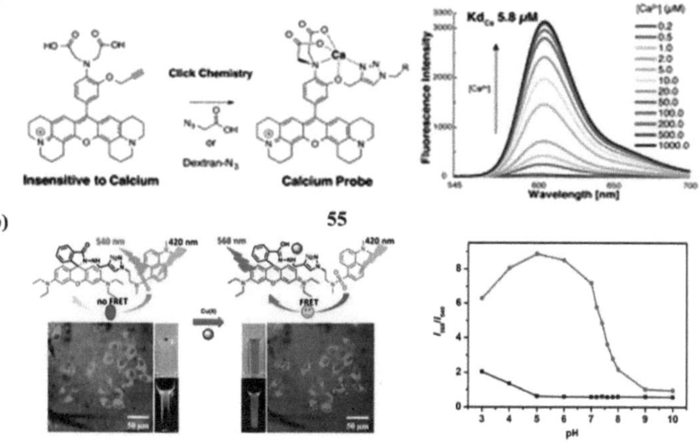

55

56

Figura 29. a). Estudo da emissão do sensor de Ca^{2+} baseado em rodamina emissora de vermelho (**55**). b). Estudo de citotoxicidade do ião Cu^{2+} baseado em triazol de rodamina (**56**).

A deteção de Hg^{2+} e Al^{3+} é possível com a síntese de duas novas sondas fluorescentes de base de Schiff de canal duplo (**57**). As suas caraterísticas ópticas foram identificadas por UV e FL, e foram analisadas por FTIR,^{1} H NMR,^{13} C NMR e HRMS. De acordo com os resultados dos testes, o Hg^{2+} e o Al^{3+} foram detectados pelas sondas em comparação com outros iões metálicos, respetivamente. O gráfico da curva padrão revelou que os limites de deteção eram 1,61 x 10^{-8} M e 1,15 x 10^{-8} M. A titulação por infravermelhos e o gráfico de Job foram utilizados para estimar o processo de transferência de fotoelectrões (PET). A DFT foi utilizada para estimar a distribuição orbital dos electrões correspondentes das substâncias, bem como as configurações da estrutura molecular. Além disso, quando o ião alvo foi descoberto, o papel de teste preparado tornou-se cor-de-rosa em vez de branco. Numa solução com uma concentração de 10^{-5} M, a cor mudou de incolor para cor-de-rosa **(Figura 30a)**.[76] A química computacional foi utilizada para examinar o espetro teórico e as caraterísticas químicas quânticas de uma molécula recentemente sintetizada **(58)**. Os espectros calculados mostraram um elevado grau de concordância com os resultados experimentais. Depois disso, foi efetivamente criada e sintetizada num novo derivado de rodamina B RMPC. Quando os iões Hg^{2+} estavam presentes, a RMPC apresentou um aumento de cerca de 4000 vezes na intensidade de fluorescência em comparação com a maioria dos outros iões metálicos concorrentes.

a)

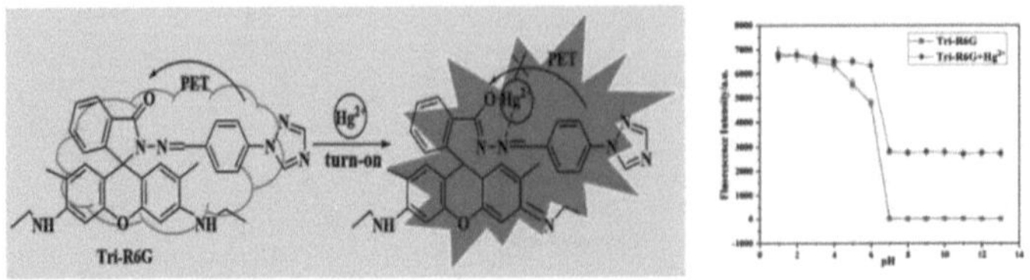

57

b)

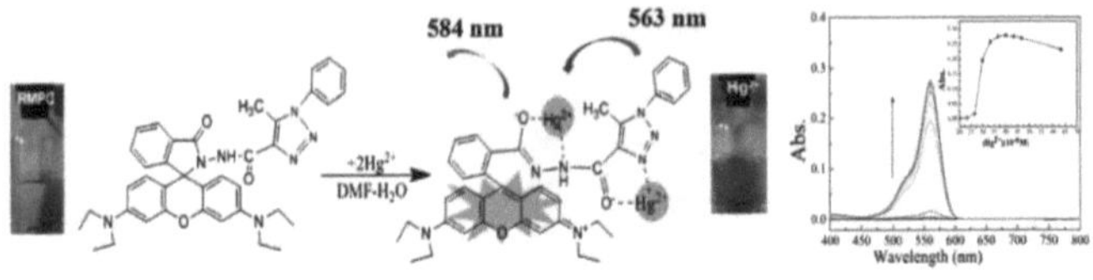

58

Figura 30. a). Mecanismo PET de sondas fluorescentes para deteção de Hg^{2+} (**57**). b). Estudo em células HeLa de iões de mercúrio à base de RhB (**58**).

O quimio-dosímetro incolor RMPC com um triazol ligado torna-se cor-de-rosa quando apenas os iões Hg^{2+} formam um complexo numa proporção de 1:2 M, tornando-o visível a olho nu. Foi explicado que o Hg^{2+} induz a abertura do anel da rodamina B, o que leva ao processo de coordenação de ligar/desligar a fluorescência para os iões Hg^{2+} . A natureza marcada da sonda e a sua potencial aplicação em sistemas biológicos foram estabelecidas pelos estudos de imagem de fluorescência do Hg^{2+} em células HeLa (**Figura 30b**).[77]

Pela primeira vez, foi descoberto e sintetizado um cromóforo ligante multidentado (**59**). Previa-se que o Sn^{2+} seria preferencialmente reconhecido para formar anéis estáveis de 5 ou 6 membros contendo átomos de azoto e oxigénio, utilizando anéis de triazol e piridina como grupos de reconhecimento funcional de coordenação. O cromóforo ligante pode reagir preferencialmente com vestígios de Sn^{2+} em CH_3CN/H_2O em circunstâncias ideais, resultando em alterações claras do espetro UV-visível, do espetro de fluorescência e da cor ótica. Foi descoberta uma fluorescência de ativação a 587 nm para avaliação da fluorescência, que saltou linearmente de incolor para laranja na gama de 1,2-6,2 $\times$ 10^{-7} mol L^{-1} Sn^{2+} . Relativamente ao UV-visível, foi observado a 560 nm um novo pico de absorção com uma gama linear de 2,0-11,0 $\times$ 10^{-7} mol L^{-1} Sn^{2+} variando de incolor a cor-de-rosa. Com base na titulação no UV-visível, na titulação por RMN de ^{1}H, no gráfico de Job, nas constantes de ligação e no cálculo teórico, verificou-se o mecanismo de ação que combina o cromóforo do ligando e o Sn^{2+} . (**Figura 31a**).[78] Desenvolveu e sintetizou uma nova molécula de diarileteno que tem um grupo imino (**60**, 1O) acoplado a uma unidade de rodamina 6G ligada a um triazol. Os resultados dos ensaios mostram que a luz e os iões metálicos podem alterar a cor da solução e a fluorescência do diarileteno. Quando exposta à radiação UV, a cor da solução pode mudar de incolor para púrpura claro. A adição de Cu^{2+} à solução de diarileteno fez com que a tonalidade da solução mudasse de amarelo escuro para amarelo brilhante e deu origem a uma tonalidade azul. A adição de Fe^{3+} não modificou a tonalidade da solução, mas fez com que a sua fluorescência mudasse de escuro para amarelo. Utilizando dados de RMN, MS e outras investigações, descobriu-se que a razão complexa de diarileteno para Cu^{2+} era de 1:1 e que a estequiometria de ligação de diarileteno para Fe^{3+} também era de 1:1. Estes resultados levaram à construção de uma figura fotocrómica do diarileteno com luz UV/Vis, Cu^{2+}, e Fe^{3+}. Além disso, os sinais de entrada e de saída foram incluídos na conceção do circuito lógico (**Figura 31b**).[79]

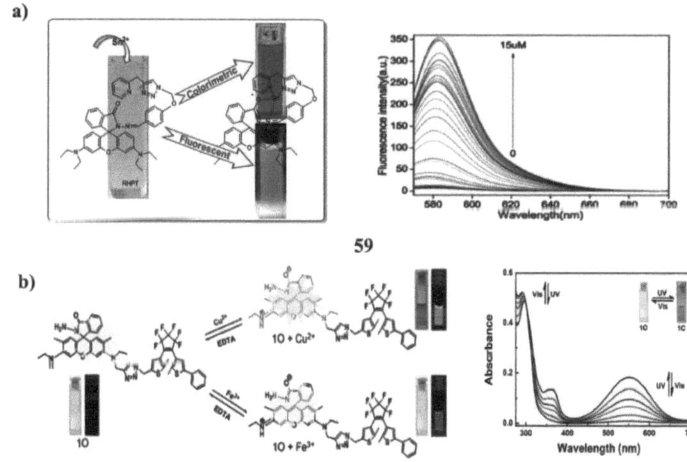

60

Figura 31. a). Estudo de fluorescência das unidades RhB-triazol-piridina para o sensor Sn^{2+} (**59**). b). Estudo de absorvância do sensor de Cu^{2+} e Fe^{3+} ligado ao triazol Rh6G (**60**).

Durante a conceção e a síntese do sensor de fluorescência fotocrómico de diarileteno (**61**, 1o), foi incorporado um componente de rodamina B ligado a um triazol. Os resultados demonstraram que o 1o apresentava propriedades foto-interruptíveis multi-responsivas em resposta à luz, aos protões e a determinados iões metálicos. Através do processo de abertura do anel espiro-lactâmico, também demonstrou grande seletividade e sensibilidade para identificar Hg^{2+} acima de outros iões de metais pesados e de transição interferentes, o que pode ser observado a "olho nu". A intensidade de fluorescência de 1 a 606 nm foi aumentada 88 vezes depois de ser tratada com Hg^{2+} , e houve uma mudança notável na tonalidade da fluorescência de escura para cor-de-rosa. Além disso, o seu limiar de deteção de Hg^{2+} foi tão baixo como 0,13 μM. Quando a unidade de diarileteno e a porção de rodamina B foram expostas a luz de 297 nm, registou-se uma atenuação significativa da fluorescência, que foi atribuída à FRET. Além disso, foi criada uma porta lógica INHIBIT com a intensidade da fluorescência a 605 nm como saída de dados e a luz UV e o protão como entradas duplas de dados (**Figura 32a**).[80] Além disso, foram investigadas as caraterísticas electroquímicas, ópticas e de deteção de catiões metálicos dos conjugados de ferroceno-rodamina (**62**) com anexo de triazol numa solução aquosa. Apresentam uma sensibilidade de fluorescência muito elevada para Hg^{2+} e I^- num ambiente aquoso e são de síntese simples e barata. A quantificação da análise de titulação de absorção demonstra que os receptores podem identificar Hg^{2+} mesmo em concentrações extremamente baixas (~3 ppb). Simulações DFT foram usadas para estudar o mecanismo de coordenação de metais. Além disso, os recetores são menos nocivos para as células MCF-7 e podem utilizar investigações de imagens de fluorescência para detetar Hg^{2+} intracelular (**Figura 32b**).[81]

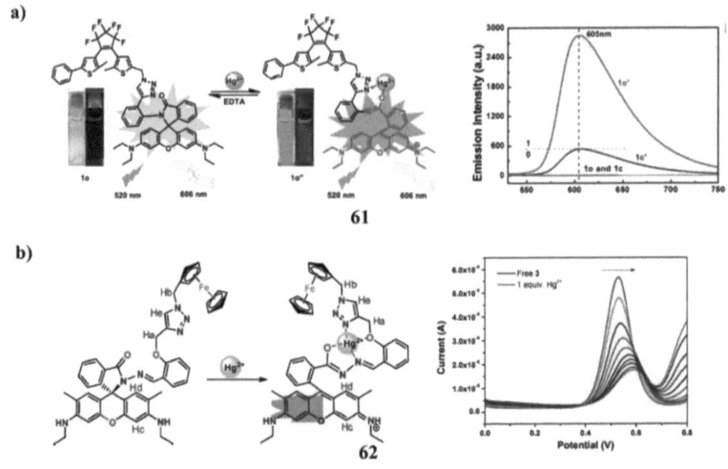

Figura 32. a). Estudo de emissão do sensor de iões Hg^{2+} ligado ao triazol RhB (**61**). b). Estudo de imagens de células vivas de sensores de Hg baseados em RhB-Ferroceno^{2+} (**62**).

A química do clique catalisada pelo cobre(I) foi utilizada para desenvolver e sintetizar um sensor de fluorescência à base de rodamina (**63**), que tem 1,2-fenilenodiamina ligada a uma porção de bistriazol. Tinham um Fe^{3+} extremamente particular entre os outros iões metálicos em MeCN/H_2 O e tinham um ligante aromático. Em apenas cinco minutos, a solução incolor do sensor tornou-se cor-de-rosa e a sua fluorescência aumentou 614 vezes com a adição de Fe^{3+}. O limite de deteção (LOD) para as experiências de titulação foi determinado em 0,15 μM com base no claro aumento da intensidade de absorção e fluorescência com o aumento das concentrações de Fe^{3+}. O gráfico de funções verificou que o rácio de ligação do complexo sensor-Fe^{3+} era de 1:1. Além disso, foi examinada uma gama de pH de 5,0-7,0 para determinar o estado ideal do sensor para a deteção de Fe^{3+} (**Figura 33**).[82-85]

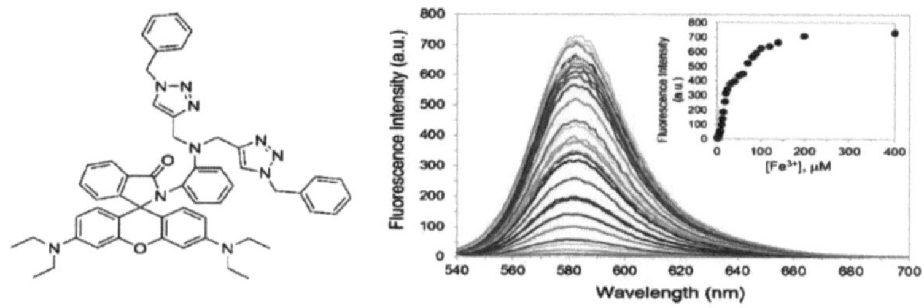

63

Figura 33. Intensidade de fluorescência da deteção de Fe(III) fluorescente à base de rodamina-bistriazol (**63**).

7. CONCLUSÃO

A exploração exaustiva dos sensores triazólicos fotoresponsivos e das suas aplicações em biomateriais depende da integração de metodologias computacionais e experimentais. As técnicas computacionais, como a teoria do funcional da densidade e as simulações de dinâmica molecular, fornecem informações sobre as propriedades estruturais, electrónicas e dinâmicas dos sensores, enquanto as abordagens experimentais, incluindo técnicas espectroscópicas e ensaios de ligação, oferecem dados empíricos sobre o desempenho dos sensores em diversas condições. De acordo com estas abordagens, a rodamina surge como o composto mais promissor para aplicações de sensores de triazol devido às suas excepcionais propriedades de fluorescência, incluindo um elevado rendimento quântico e fotoestabilidade. A sua versatilidade permite a conceção de sensores adaptados a alvos biomoleculares específicos, demonstrando o seu potencial para várias aplicações de deteção de biomateriais, como a imagiologia celular e a deteção de biomarcadores. A combinação sinérgica de abordagens computacionais e experimentais impulsiona o desenvolvimento de tecnologias inovadoras de deteção de biomateriais, facilitando a conceção, otimização e aplicação de sensores em cenários biológicos do mundo real.

Em conclusão, a integração da cumarina, do antraceno, da rodamina, do pireno e do naftaleno em sensores de triazol fotoresponsivos representa uma abordagem dinâmica e promissora para o desenvolvimento de plataformas de deteção molecular altamente sensíveis e versáteis. As propriedades fotofísicas distintas destes fluoróforos, quando combinadas com as caraterísticas de ligação robustas das porções de triazol, oferecem um quadro sinérgico para a conceção de sensores que podem responder a estímulos ambientais específicos com precisão. A cumarina aumenta a adaptabilidade a diversas condições de deteção, respondendo a alterações de polaridade e a outros factores ambientais. O antraceno e o naftaleno contribuem para a sensibilidade, particularmente em ambientes onde os processos de transferência de electrões são significativos. A fluorescência intensa da rodamina e a sua capacidade de resposta ao pH e aos iões metálicos alargam o âmbito das aplicações dos sensores. O pireno enriquece as capacidades de deteção ao detetar alterações no microambiente. A integração destes fluoróforos com o elemento de reconhecimento triazol aumenta a sensibilidade, a seletividade e a gama dinâmica. A investigação futura neste domínio poderá centrar-se na otimização da conceção e do desempenho do sensor, na exploração de novas combinações de fluoróforos e elementos de reconhecimento e na expansão das aplicações em áreas como o diagnóstico médico, a monitorização ambiental e a descoberta de medicamentos. Além disso, os avanços na nanotecnologia e na ciência dos materiais podem oferecer novas oportunidades para melhorar a sensibilidade e a funcionalidade dos sensores, conduzindo, em última análise, ao desenvolvimento de tecnologias de deteção de biomateriais inovadoras e com impacto. Esta convergência da química e da fotónica é promissora para resolver problemas analíticos complexos e está preparada para ter impacto em diversos domínios, incluindo a ciência ambiental, o diagnóstico biomédico e outros.

REFERÊNCIAS

1. G. Singh, A. Devi, Tamana, P. Malik, S. Khurana, J. Stanzin, D. Sharma, Mithun, Heena, plataforma de deteção baseada em organosilano ligado a bis-triazol para iões Cu^{2+} e atividade inibidora da tirosinase insílica, *Spectrochim. Ata A Mol. Biomol. Spectrosc.*, **2023**, *299*, 122854.

2. B. F. A. Wahab, R. Betz, E. C. Hosten, R. M. Abdelhameed, Síntese de 4-(1-(2-(2,4-dinitrofenil)hidrazineilideno)-5-fenilpenta-2,4-dien-1-il)-1-(4-metoxifenil)-5-metil-1H-1,2,3-triazol como sensor ótico para os iões de metais pesados tóxicos num meio aquoso, *J. Mol. Struct*, **2023**, *1294*, 136536.

3. G. Singh, B. Lal, R. Singh, N. George, G. Singh, Diksha, G. Kaur, H. Singh, R. K. Tittal, G. Kaur, J. Singh, Ampyrone appended 1,2,3-triazole as selective fluorescent Cu(II) ion sensor: DFT and docking findings, *Spectrochim. Ata A Mol. Biomol. Spectrosc.*, **2023**, *302*, 123163.

4. G. Singh, S. Gupta, Diksha, Suman, Sushma, Priyanka, Tamana, Y. Thakur, Vikas, Vanillin allied 1,2,3-triazole as a selective sensor for detection of Al^{3+} ions: Um inibidor potente contra Entamoeba histolytica, *J. Mol. Struct.*, **2023**, *1273*, 134325.

5. S. Gharbi, K. Hriz, M. Majdoub, Síntese, estudos fotofísicos e DFT de um novo material de p-fenilenovinileno baseado em triazol para aplicação em sensores fluorescentes, *Opt Mater*, **2023**, *137*, 113537.

6. Y. N. Wang, H. Xu, S. D. Wang, R. Y. Mao, L. J. Liu, L. M. Wen, S. Y. Wang, Y. Sun, Q. F. Yang, polímero de coordenação Co(II) controlado por 1,2,4-triazol com comportamento de deteção sensível altamente fluorescente de acetilacetona, *Inorg. Chim. Ata*, **2023**, *556*, 121621.

7. J. Sun, Y. Xi, L. Gao, M. Hu, W. Liu, E. Ma, R. Huang, W. Qin, G. Wu, Two isostructural Ln-MOFs containing triazole groups as luminescent probes for efficient sensing of NACs and Fe^{3+}, *Inorg. Chim. Ata,* **2023**, *547*, 121376.

8. N. George, G. Singh, R. Singh, G. Singh, Priyanka, H. Singh, G. Kaur, J. Singh, quimiossensor de base de Schiff 1,2,3-triazole modificado por clique para deteção do ião Pb(II) e estudos computacionais, *J. Mol. Struct*, **2023**, *1288*, 135666.

9. B. Lal, S. Kumar, R. K. Tittal, G. Singh, J. Singh, V. D. Ghule, R. S. Mathpati, J. K. Sabane, 4-aminoantipirina ligada a sondas à base de bis-1,2,3-triazol para deteção de Cu(II), *J. Mol. Struct*, **2024**, *1297*, 136995.

10. E. M. Elattar, M. Shaban, H. E. A. Saad, F. A. Badria, A. A. Galala, Avaliação das actividades antimicrobiana, antiquorum sensing e citotóxica de novos derivados de vanilina 1,2,3-triazol, *Nat. Prod. Res.*, **2023**, 16, 2662-2671.

11. D. R. Kumar, D. Manoj, A. Rosenkranz, A. A. Mahmud, J. J. Shim, S. P. Mary, S. Nellaiappan, Crescimento microestruturado de 1,2,4-triazol por electropolimerização para deteção altamente selectiva de ácido gálico e ácido úrico, *Microchem. J.*, **2023**, *195*, 109375.

12. N. E. Safronov, A. S. Minin, P. A. Slepukhin, I. P. Kostova, E. Benassi, N. P. Belskaya, 5-Amino-2-aril-2H-1,2,3-triazole-4-carboxamidas: AIEE-gens únicas e fluorosensores selectivos de Hg^{2+}, *Spectrochim. Ata A Mol. Biomol. Spectrosc.*, **2023**, 292, 122419.

13. M. Dascălu, A. Laura C. Scutaru, G. Roman, Deteção de nitroaromáticos por um polímero de coordenação contendo Zn (II) derivado de um ligante tricarboxilato à base de 1,2,3-triazol, *J Mol Liq*, **2023**, *386*, 122457.

14. P. Rani, K. Lal, K. S. Negi, R. Shrivastava, V. D. Ghule, Síntese, Caracterização, Deteção de Iões Fluoreto e Estudos DFT de Bistriazol à base de Carbamato, *Polycycl Aromat Compd.*, **2023**, *43*, 2376-2388.

15. B. Dey, P. Pahari, S. K. Sahoo, A. K. Atta, Análogos de pireno-açúcar à base de triazol para deteção selectiva de ácido pícrico em meio aquoso e tiras de papel, *J. Photochem. Photobiol. A*, **2023**, *440*, 114647.

16. R. Manikandan, S. P. Mani, K. S. Selvan, J. H. Yoon, S. C. Chang, elétrodo impresso em tela anodizada modificado com filme de poli(5-amino-4H-1,2,4-triazole-3-thiol) para deteção ultrassensível de Hg^{2+} em amostras de peixe, *J. Electroanal. Chem.*, **2023**, *929*, 117121.

17. N. George, G. Singh, R. Singh, G. Singh, Sushma, H. Singh, G. Kaur, J. Singh, derivado de 1,2,3-triazol funcionalizado com base de Schiff para reconhecimento de iões Fe(III), como complexo sanduíche N,O,O-Fe-O,O,N: Análise DFT, *Polyhedron,* **2023**, *242*, 116496.

18. G. Singh, Mohit, P. Satija, P. Malik, S. Khurana, S. Sharma, D. Sharma, H. Kaur, K. N. Singh, Triazole tethered organosilane based fluorescent sensor as a logic gate operation for selective detection of Sn^{2+} ions: A potent Cyclooxygenase-2 inhibitor, *J. Photochem. Photobiol. A*, **2024**, *446*, 115166.

19. M. Fazal, I. Ali, M. Imran, F. Ahmed, T. A. Farghalya, I. I. Althagafi, ShafiUllah, M. Ali, M. R. Shah, Um sensor de sonda colorimétrico baseado em triazóis para detetar sulfato de amónio em água da torneira de laboratório e plasma sanguíneo, *J. Mol. Struct*, **2022**, *1257*, 132552.

20. N. Gao, M. Zhang, Y. Wang, Sensor luminescente de resposta múltipla com ácido fenilenodiacético e ligando bis-triazol para a deteção de antibióticos Cr(VI), Fe(III) e nitroimidazol em soluções aquosas, *J. Mol. Struct*, **2024**, *1295*, 136670.

21. S. T. Yang, D. J. Liao, S. J. Chen, C. H. Hu e A. T. Wu, Um sensor baseado no aumento da fluorescência para o ião sulfato de hidrogénio. *Analyst*, **2012**, 137, 1553-1555.

22. K. Mulla, P. Dongare, D. W. Thompson e Y. Zhao. Dianthryl-TTFV sintetizado por clique: uma sonda fluorescente eficiente para iões de metais de transição. *Org. Biomol. Chem.*, **2012**, 10, 2542-2544.

23. H. R. Xu, K. Li, Q. Liu, M. Wu, M. Q. Wang, J. T. Hou, Z. Huang, Y. M. Xie e X. Q. Yu Conjugado diantraceno-cicleno: o primeiro quimiossensor fluorescente de resposta equivalente igual para Pb^{2+} em solução aquosa. *Analyst*, **2013**, 138, 2329-2334.

24. A. N. Alodhay, M. Braim, L.Y. Beaulieu, G. Valluru, S. Rahman, A. K. Oraby e P. E. Georghiou. Propriedades de ligação de iões metálicos de um calix[4]areno bimodal funcionalizado com triazolil num sistema de microcantilever de matriz múltipla. Estudos de síntese, fluorescência e computação DFT. **RSC Adv.**, **2016**, **6**, 4387-4396.

25. A. Shaikh, P. Mukherjee, S. Ta, A. Bhattacharyya, A. Ghosh e D. Das. Ciclização oxidativa de tiossemicarbazida: abordagem quimiossimétrica para deteçao de fluorescência altamente selectiva de cério (IV). *New J. Chem*, **2020**, **44**, 9452-9455.

26. K. Ghosh, A. R. Sarkar e A. P. Chattopadhyay, amida de bispiridínio ligada a 1,2,3-triazol marcada com antraceno para deteção selectiva de $H_2PO_4^-$ por fluorescência e formação de gel. *Eur. J. Org. Chem.* **2012**, 1311-1317.

27. S. O. Tumaya, M. H. Irani nezhad, A. Khataee. Design of novel anthracene-based fluorescence sensor for sensitive and selective determination of iron in real samples. *J. Photochem. Photobiol. A: Chem.* **2020**, 402, 112819.

28. M. S. Kahouech, K. Hriz, S. Touaiti, J. Bassem, Novos materiais semicondutores à base de antraceno e ftalocianina: Síntese e propriedades optoelectrónicas. *Mater. Res. Bull.* **2016**, 75, 144-154

29. R. C. Gupta, S. S. Razi, R. Ali, S. K. Dwivedi, P. Srivastava, P. Singh, B. Koch, H. Mishra e A. Misra. An Efficient Hg^{2+} Ensemble Based on a Triazole bridged Anthracene and Quinoline system for Selective

Detection of Cyanide through Fluorescence Turn-Off-On Response in Solution and Live cell. *Sens. Actuadores B Chem.* **2017**, 251, 729-738.

30. K. Varazo, F. Xie, D. Gulledge, Q. Wang. Síntese de triazolil antraceno como um quimiossensor fluorescente seletivo para o ião Cu(II). *Tetrahedron Lett.*, **2008**, 49, 5293-5296.

31. D. Maity e T. Govindaraju, Um sensor diferencialmente seletivo com resposta de fluorescência ao Zn^{2+} e resposta ratiométrica de modo duplo ao Al^{3+} em meios aquosos. *Chem. Commun.*, **2012**, 48, 1039-1041.

32. I. T. Ho, T. L. Lai, R. T. Wu, M. T. Tsai, C. M. Wu, G. H. Lee e W. S. Chung. Conceção e síntese de triazolil cumarinas como quimiossensores fluorescentes selectivos de Hg^{2+}. *Analyst*, **2012**, 137, 5770-5776

33. C. S. E. Pershagen e K. E. Borbas. Funcionalização de complexos de lantanídeos via cicloadição azida-alquina catalisada por Cu (I) aprimorada por micro-ondas. *Dalton Trans.*, **2012**, 41, 7660-7669.

34. T. Schwarze, H. Muller, S. Ast, D. Steinbruck, S. Eidner, F. Geißler, M. U. Kumke e H. J. Holdt. Fluorescence lifetime-based sensing of sodium by an optode. *Chem. Commun.*, **2014**, 50, 14167-14170.

35. X. Liu, D. G. Smith e K. A. Jolliffe. Dois são melhores que um? Comparação de ensaios de deslocamento de indicadores intermoleculares e intramoleculares em sensores de pirofosfato. *Chem. Commun.*, **2016**, **52**, 8463-8466.

36. S. Guo, G. Liu, C. Fan e S. Pu. Uma sonda fluorescente altamente seletiva para deteção de Cd^{2+} e HSO_3^- com base em diarileteno fotocrômico com um grupo cumarina quinolina com ponte de triazol. *RSC Adv.*, **2018**, 8, 22786-22798.

37. S. Mondal, N. Patra, H. P. Nayek, S. K. Hira, S. Chatterjee e S. Dey. Unusual absence of FRET in triazole bridged coumarin-hydroxyquinoline, an active sensor for Hg^{2+} detection. *Photochem. Photobiol. Sci.*, **2020**, 19, 1211-1221.

38. T. Puthiyedath, D. Bahulayan, Um Derivado de Triazole-Cumarina Derivado do Click como Sensor de Fluorescência On-Off baseado em PET para iões Ca^{2+} e Fe^{3+}. *Sens. Actuators B Chem*, **2018**, 272, 110-117.

39. J. Sun, X. Xu, G. Yu, W. Li e J. Shi. Quimiossensor tripodal baseado em cumarina para deteção seletiva de íon Cu (II) e complexo resultante como sonda de ânion por meio de uma abordagem de deslocamento de Cu (II). *Tetrahedron*, **2018**, 74, 987-991.

40. R. Hosseinzadeh, E. Domehri, M. Tajbakhsh, A. Bekhradnia. New fluorescent sensor based on a calix[4]arene bearing two triazole-coumarin units for copper ions: application for Cu^{2+} detection in human blood serum. *J. Incl. Phenom. Macrocycl. Chem.*, **2019**, 93, 245-252.

41. D. T. Shi, X. L. Wei, Y. Sheng, Y. Zang, X. P. He, J. Xie, G. Liu, Y. Tang, J. Li e G. R. Chen. O padrão de substituição inverte a resposta de fluorescência dos glicoligandos de cumarina após a coordenação com prata (I). ***Rep. Sci.*****, 2014, 4, 4252**

42. E. Manandhar, J. H. Broome, J. Myrick, W. Lagrone, P. J. Cragg e K. J. Wallace, Um sensor fluorescente à base de pireno para iões Zn^{2+} : uma "borboleta" molecular. *Chem. Commun.*, **2011**, 47, 8796-8798.

43. A. Thakur, D. Mandal, P. Deb, B. Mondal e S. Ghosh, Síntese de aminoácidos fluorescentes ligados a triazol e bioconjugados de hidratos de carbono: um quimiossensor multi-responsivo altamente sensível e seletivo para esqueleto para iões Cu (II) e Pb (II) / Hg (II). *RSC Adv.*, **2014**, 4, 1918.

44. X. L. Ni, Y. Wu, C. Redshaw e T. Yamato, Evidência direta de um efeito de bloqueio de átomo pesado na deteção de aumento de fluorescência assistida por água de Hg^{2+} com base num quimiossensor ratiométrico. *Dalton Trans.*, **2014**, 43, 12633-12638.

45. I. Ling, R. Hashima e K. J. Sabah, Calix[4]arene anexado a éter de tiacrown de açúcar como um quimiossensor seletivo para íons Fe^{2+} e Fe^{3+} . *RSC Adv.*, **2015**, 5, 88038-88044.

46. C. Wu, J. L. Zhao, X. K. Jiang, C. Z. Wang, X. L. Ni, X. Zeng, C. Redshawc e T. Yamato, Um novo quimiossensor "on-off-on" de fluorescência para Hg^{2+} *através de* um efeito de átomo pesado de bloqueio resistente à água. *Dalton Trans.*, **2016, 45,** 14948-14953.

47. K. H. Chen, C. Y. Lu, H. J. Cheng, S. J. Chen, C. H. Hu, A. T. Wu, A pyrenyl-appended triazole-based ribose as a fluorescent sensor for Hg^{2+} ion. *Carbohydr. Res.*, **2010**, 345, 2557-2561.

48. R. Kumar, R. Bawa, P. Gahlyan, M. Dalela, K. Jindal, P. K. Jha, M. Tomar, V. Gupta. Pireno anexado bis-triazolilado 1,4-dihidropiridina como um sensor fluorogênico seletivo para Cu^{2+} *Corantes. Pigm.*, **2019**, 161, 162-171.

49. S. I. Hazarika, G. Mahata, P. Pahari, N. Pramanik, A. K. Atta. Um derivado simples de xilofuranose à base de bispirenil ligado ao triazol para deteção fluorométrica selectiva e sensível de Cu^{2+} *Inorg. Chimica Ata*, **2020**, 507, 119582.

50. um hexahomotrioxacalix[3]areno funcionalizado com pireno e ligado a um triazol como quimiossensor fluorescente para iões Zn^{2+}. *Sens. Actuators B*, **2016**, 228, 480-485.

51. H. Turhan, E. Tukenmez, B. Karagoz, N. Bicak, deteção altamente fluorescente de explosivos nitroaromáticos em meios aquosos usando microesferas de PBEMA ligadas a pireno. *Talanta*, **2018**, 179, 107-114.

52. X. L. Ni, X. Zeng, C. Redshaw, T. Yamato, Síntese e avaliação de um novo thiacalix[4]arene à base de triazol anexado ao pirenil como sensor fluorescente para o ião Ag^{+}. *Tetrahedron*, **2011**, 67, 3248-3253.

53. H. Tomiyasu, N. Shigyo, X. L. Ni, X. Zeng, C. Redshaw, T. Yamato. Comportamento de ligação alostérica positiva de receptores fluorescentes baseados em tiacalix[4]areno modificados com triazol anexado a pireno. *Tetrahedron*, **2014**, 70, 7893-7899.

54. S. A. Ingale e F. Seela. A Ratiometric Fluorescent On-Off Zn^{2+} Chemosensor Based on a Tripropargylamine Pyrene Azide Click Adduct. *J. Org. Chem.* **2012**, 77, 9352-9356.

55. S. Y. Park, J. H. Yoon, C. S. Hong, R. Souane, J. S. Kim, S. E. Matthews e J. Vicens. A Pyrenyl-Appended Triazole-Based Calix[4]arene as a Fluorescent Sensor for Cd^{2+} and Zn^{2+}. *J. Org. Chem.* **2008**, 73, 8212-8218.

56. B. Kamble, P. M. Gawade, P. M. Badani, A. V. Karnik, Helicenoid-based bis-1,2,3-triazole tweezer: Síntese e deteção selectiva de iodeto, *Synth. Commun.*, **2020**, 50, 602-611.

57. S. R. Bhatta, B. Mondal, G. Vijaykumar e A. Thakur, ICT-Isomerization-Induced Turn-On Fluorescence Probe with a Large Emission Shift for Mercury Ion: Aplicação em Lógica Molecular Combinacional. *Inorg. Chem.*, **2017**, 56, 11577-11590.

58. M. A. T. Suarez, Y. H. Rosa, E. Schott, X. Zarate, D. P. Hernandez. Compreensão do mecanismo de deteção selectiva de Al^{3+} catião por um sensor químico baseado em Schiff-base. Abordagem teórica. *J. Phys. Chem. A*, **2019**, 123, 6970-6977.

59. S. R. Bhatta, V. Bheemireddy, G. Vijaykumar, S. Debnath e A. Thakur. An Efficient Molecular Tool with Ferrocene Backbone: Discriminando Fe^{3+} de Fe^{2+} em meios aquosos. *Organometálicos,* **2017**, 36, 2141-2152.

60. G. Xu, F. Wei, Y. Cen, X. Cheng e Q. Hu. Dual-Emissive Fluorescent Sensor Based on Functionalized Quantum Dots for the Simultaneous Determination of Nitric Oxide and Hydrogen Sulfide. *ACS Biomater. Sci. Eng.* **2020**, 11, 6086-6094

61. L. N. Neupane, J. M. Kim, C. R. Lohani e K. H. Lee. Deteção ratiométrica selectiva e sensível de Hg^{2+} em solução aquosa a 100% com sonda de dansilo à base de triazol. *J. Mater. Chem.*, **2012**, 22, 4003.

62. I. Kim, N. E. Lee, Y. J. Jeong, Y. H. Chung, B. K. Cho e E. Lee, Micellar and vesicular nanoassemblies of triazole-based amphiphilic probes triggered by mercury(II) ions in a 100% aqueous medium. *Chem. Commun.*, **2014**, 50, 14006

63. Y. Hu, H. Shen, X. Zhang, Y. Liu e X. Sun. Síntese e investigação espectroscópica de um novo quimiossensor fluorescente sensível e seletivo para Ag^{+} com base em um derivado de BINOL-glicose. *RSC Adv.*, **2018**, 8, 23252

64. S. Ghosh, N. Baildya e K. Ghosh. Um novo imino-fenol decorado com 1,2,3-triazol: deteção selectiva de Zn^{2+}, Cu^{2+} e ácido pícrico em diferentes condições experimentais. *New J. Chem*, **2021**, 45, 10923.

65. B. N. Dai, Q. Y. Cao, L. Wang, Z. C. Wang, Z. Yang. A new naphthalene-containing triazolophane for fluorescence sensing of mercury(II) ion. *Inorg. Chim. Ata,* **2014**, 423, 163-167.

66. S. R. Bhattaa, V. Bheemireddy, G. Vijaykumar, A. Thakur. Conjugados de ferroceno-naftaleno mono e 1,1' di-substituídos com triazol: Sondas multi-responsivas altamente selectivas e sensíveis para Hg (II). *Sens. Actuators B. Chem.,* **2017**, 240, 640-650.

67. T. J. Jia, W. Cao, X. J. Zheng, L. P. Jin, Um quimiossensor de ativação baseado em naftol-triazol para Al (III) e sua aplicação em bioimagem. *Tetrahedron Lett.*, **2013**, 54 (2013) 3471-3474

68. K. Aiken, J. Bunn, S. Sutton, M. Christianson, D. Winder, C. Freeman, C. Padgett, C. McMillen, D. Ghosh e S. Landge. Investigações de espetroscopia de ressonância magnética nuclear de sistemas 1,2,3-triazol à base de naftaleno para deteção de ânions. *Magnetochem*, **2018**, 4, 15.

69. S. Dey, T. Sarkar, A. Majumdar, T. Pathak e K. Ghosh, 1,4-Disubstituído 1,2,3-Triazole- e 1,5-Disubstituído 1,2,3-Triazole-based Bis-Sulfonamides em Sensoriamento de Fluorescência Seletiva de ATP. *ChemistrySelect*, **2017**, 2, 2034-2038.

70. H. Lu, S. Qi, J. Mack, Z. Li, J. Lei, N. Kobayashi e Z. Shen. Facile Hg^{2+} detection in water using fluorescent self-assembled monolayers of a rhodamine-based turn-on chemodosimeter formed via a "click" reaction. *J. Mater. Chem.*, **2011**, 21, 10878-10882.

71. N. R. Chereddy, S. Thennarasu e A. B. Mandal. Um sensor baseado em FRET molecular único altamente seletivo e eficiente para deteção ratiométrica de Fe^{3+} íons. *Analyst*, **2013**, 138, 1334-1337.

72. N. R. Chereddy, P. S. Korrapati, S. Thennarasu e A. B. Mandal. Sintonizando a seletividade do íon cobre (II): o papel da basicidade, o tamanho do anel quelante e a orientação dos átomos de coordenação. *Dalton Trans.*, **2013**, *42*, 12873-12877.

73. K. Chen, C. Adam, N. Sojic e M. Schmittel, Funcionalização fotoquímica de nanotips ópticos com um quimiossensor de rodamina para deteção remota através de fibra de Hg^{2+}. *RSC Adv.*, **2013**, 3, 24140.

74. M. Collot, C. Wilms, J. M. Mallet, sensor de cálcio emissor de vermelho funcionalizável com uma porção quelante de 1,4-triazol. *RSC Adv.*, **2015, 5**, 6993-7000.

75. Z. Hu, J. Hu, Y. Cui, G. Wang, X. Zhang, K . Uvdal e H. W. Gao. Uma reação de "clique" fácil para fabricar uma sonda ratiométrica fluorescente de Cu^{2+} baseada em FRET. *J. Mater. Chem.* B, **2014**, 2, 4467.

76. W. Zhong, L. Wang, S. Fang, D. Qin, J. Zhou, G. Yang e H. Duan. Duas novas sondas fluorescentes colorimétricas: Hg^{2+} e Al^{3+} no ambiente de reconhecimento colorimétrico visual. *RSC Adv.*, **2020**, 10, 3048-3059.

77. W. Hea, R. Liu , Y. Liao, G. Ding, J. Li, W. Liu, L. Wu, H. Feng, Z. Shi, M. He. A new 1,2,3-triazole and its rhodamine B derivatives as a fluorescence probe for mercury ions. *Anal. Biochem*, **2020**, 598, 113690.

78. Z. Yan, G. Wei, S. Guang, M. Xu, X. Ren, R. Wu, G. Zhao, F. Ke, H. Xu. Um cromóforo ligante multidentada com unidades de rodamina-triazol-piridina e o seu mecanismo de ação para o traço de deteção visual de modo duplo Sn^{2+} . *Dyes. Pigm.*, **2018**, 159, 542-550.

79. H. Kang, C. Fan, H. Xu, G. Liu, S. Pu, Um interrutor de fluorescência altamente seletivo para Cu^{2+} e Fe^{3+} com base em um novo diarileteno com uma unidade de rodamina 6G ligada a triazol. *Tetrahedron,* **2018**, 74, 4390-4399.

80. H. Zhao, H. Kang, C. Fan, G. Liu, S. Pu, Um novo sensor multifuncional fluorescente de iões de mercúrio baseado em diarileteno com unidade de rodamina B ligada a triazol. *Tetrahedron*, **2020**, 76, 131393.

81. C. Arivazhagan, R. Borthakur e S. Ghosh, sensores multissinalização baseados em rodamina com anexo de ferroceno e triazol para Hg^{2+} e sua aplicação em imagens de células vivas. *Organometálicos*, **2015**, 34, 1147-1155.

82. K. Wechakorn, S. Chomngam, U. Eiamprasert, P. Kongsaeree, Um sensor fuorescente e colorimétrico à base de rodamina-bistriazol contendo um ligante fenil para deteção de Fe(III). *Chem. Pap.*, **2021**, *75*, 883-892

Nanovesículas auto-montadas baseadas em bis-H quirals -BINOL para reconhecimento de Fe^{3+} e reconhecimento secundário de L-cisteína por complexo 1 + 1. *RSC Adv.*, **2024**, 14, 2422-2428.

84. R. Chang, C. Y. Chen, L. Gao, Y. Li, Z. H. Lee, H. Zhao, A. C. H. Sue e K. C. Chang, Deteção altamente selectiva de Cu^{2+} com um quimiossensor fluorescente de pilar[5]areno funcionalizado com naftalimida. *Org. Biomol. Chem.*, **2024**, 22, 745-752.

85. V. Sharma, S. Savita e G. K. Patra, um novo quimiossensor fluorescente-colorimétrico reversível de base bis-Schiff perfeitamente solúvel em água e altamente sensível à base de triazol para deteção rápida de iões Pb^{2+}. *RSC Adv.*, **2024**, 14, 3289-3303.

Perfil do autor

Dr. M. Rajasekar

O Dr. M. Rajasekar trabalha atualmente como Cientista-C/Professor Assistente (Investigação) de Química Orgânica no Centro de Ciências Moleculares e Nanomédicas, Centro Internacional de Investigação, Instituto de Ciência e Tecnologia de Sathyabama (considerado Universidade), Chennai, desde 2018. Nasceu na aldeia de Agatheripattu, distrito de Tiruvannamalai em Tamil Nadu, Índia, e o seu principal interesse de investigação é na área da química orgânica sintética. Obteve o grau de bacharel pelo Departamento de Química, Arignar Anna Govt. Arts College, Cheyyar, afiliado à Universidade de Madras em 2005 e o grau de mestre pelo Departamento de Química, C. Abdul Hakeem College of Arts and Science, Vellore, afiliado à Universidade Thiruvalluvar em 2007. Recebeu o grau de M. Phil do Departamento de Química, The New College, afiliado à Universidade de Madras, Chennai, em 2008. Trabalhou como professor convidado no Departamento de Química da Universidade de Anna, Chennai, de 26.06.2008 a 30.12.2008 e obteve o grau de doutoramento no Departamento de Química Orgânica da Universidade de Madras em 2015. Trabalhou como Pós-Doutorado Nacional (DST-SERB) na Universidade de Sathyabama, Chennai, de 2016 a 2018. Recebeu os graus de B.Ed (2021) e M.Ed (2023) do Arunachala College of Education, afiliado à Tamil Nadu Teachers Education University, Chennai. Além disso, foram-lhe concedidas cinco patentes, publicou doze livros e é autor de duas monografias.

MIX
Papier aus verantwortungsvollen Quellen
Paper from responsible sources
FSC® C105338

Printed by Books on Demand GmbH, Norderstedt / Germany